머리말

사이클로이드에 대하여 수학사적으로 수학자들의 노력을 살펴보고자 이 책을 서술하였다. 많은 자료를 수집하고 정리를 하여 시간 순서대로 나열하였고, 그 내용을 원 수학자의 생각을 그대로 전달할 수 없지만, 최대한 논문의 의미를 그대로 전달하려고 노력을 하였다. 많은 수학자가 나오고 이들에 대한 수학사적인 일화를 바탕으로도 전개도 하였으나, 더욱 많은 일화를 싣지 못한 점을 애석하게 생각한다. 객관적인 역사 사실에 접근하는데 서적과 논문에 나온 몇 편의 편지 원본도 함께 실으려고 하였으나 영문이 아니라 해석이 어렵고 여러 부분 다른 점도 발견되었으며 여러 논문들 속의 비교에서도 서로 상반된 주장도 있어 많은 논문에서 공통된 부분만 서술하였다.

처음 의도하였던 수학사적인 접근에 의해서 시도를 하였기에 사이클로이드의 응용은 서술하지 않았다. 이 부분은 실생활과 관련된 것으로 매우 흥미를 갖게 하는 소재로 개인적으로 자료를 찾아 공부하기를 바란다.

Ⅰ부에서는 기하학적으로 연구한 수학자들을 중심으로 내용을 실었고, Ⅱ부에서는 미적분학을 이용한 연구를 한 수학자들의 내용과 등시곡선과 최단하강곡선에 대한 수학자들의 노력에 관한 내용을 담았다. 마지막으로 Ⅲ부에서는 고등학교에서 배우는 미적분학의 내용으로 사이클로이드에 접근할 수 있는 내용을 담았다. 그러나 약간의 고등학교 과정을 벗어나기도 하나 이는 정의를 잘 숙지하면 충분히 읽을 수 있으리라 생각한다. 마지막 장에는 미적분학 없이 사이클로이드 곡선 아래 넓이 및 호의 길이를 구하는 방법을 서술하였다. 이것도 매우 창의적이고 이를 이용한 수학 이론의 발전도 있으니 이곳에 소개된 이론을 더 찾아 공부하는 것도 좋을 듯하다.

이 책을 통해서 우리는 사이클로이드에 대한 수학자들의 노력을 알 수 있을 것이다. 또한, 이렇듯 다양하게 사용되는 사이클로이드 곡선의 탄생 성질 연구는 그리 순탄하지 않았다는 것도 알 수 있다. 역사 속에서 사이클로이드와 사이클로이드 곡선의 수많은 수학자의 연구에 대한 고통을 함께 느꼈으면 한다.

항상 옆에서 도와준 나의 아내와 옆에서 응원을 아끼지 않은 두 딸에게도 감사의 말을 전한다.

2017년 1월 31일 시다모 카페에서
황운구

목차

I 부 기하학을 이용한 연구

1장 생활 속의 사이클로이드 ···4

2장 '기하학자들의 헬렌' 그리고 '불화의 사과' ·······································6
2.1. 세계를 변화시킨 사과 ··6
2.2. 황금 사과 ··6
2.3. 왕비 헬렌과 트로이 전쟁 ··8
2.4. '기하학자들의 헬렌' 그리고 '불화의 사과' ·······································9

3장 사이클로이드 초기 역사 ···10
3.1. 사이클로이드 초기 연구 ··10

4장 로베르발 ···14
4.1. 로베르발의 사이클로이드 정의 ··14
4.2. 로베르발의 접선 작도 ··15
4.3. 로베르발의 구적 계산 ··17
4.4. 로베르발의 사이클로이드 곡선 구적의 해석기하학적 해석 ·········20

5장 데카르트 ·· 23

5.1. 데카르트 접선 작도 ··· 23
5.2. 데카르트 접선 작도의 정당성 ······································ 24

6장 페르마 ·· 26

6.1. 페르마 준상등 정의 ··· 26
6.2 페르마 접선 작도 ·· 27

7장 토리첼리 ··· 29

7.1. 토리첼리의 죽음에 대한 소문 ······································ 29
7.2. 토리첼리 구적 ·· 31

8장 파스칼 ·· 34

8.1. 파스칼의 치통을 잊게 한 곡선 ····································· 34

9장 렌 ··· 35

9.1. 사이클로이드 호의 길이 ·· 35
9.2. 사이클로이드 호의 길이 ·· 36

II부 미적분학을 이용한 연구

10장 미적분학을 이용한 접선 설명 ·········· 40

10.1. 요한 베르누이 접선 설명 ·········· 40
10.2. 로피탈의 접선 설명 ·········· 41
10.3. 뉴톤의 접선 설명 ·········· 43
10.4. 바로우의 접선 설명 ·········· 44

11장 갈릴레이 하강곡선 연구 ·········· 45

11.1. 갈릴레이의 최단하강곡선문제 제시 ·········· 45
11.2. 갈릴레이의 최단하강곡선에 대한 주장 ·········· 46
11.3. 갈릴레이의 최단하강곡선에 대한 주장의 해석학적 증명 ·········· 49
11.4. 갈릴레이의 최단하강곡선에 대한 주장의 확장 ·········· 52
11.5. 갈릴레이의 사이클로이드 곡선의 해석 ·········· 54

12장 등시곡선 문제 ·········· 56

12.1. 등시곡선 문제의 역사 ·········· 56
12.2. 자유낙하 운동으로부터 호이겐스 진자운동 주기 구하기 ·········· 59
12.3. 해석학적 접근으로 호이겐스 진자운동 주기 해석학적 증명 ·········· 60
12.4. 진자운동 주기의 라그랑쥬의 해 ·········· 63
12.5. 진자운동 주기의 중력장을 이용한 해 ·········· 64
12.6. 진자운동 주기의 라플라스 변환을 이용한 아벨의 해 ·········· 67
12.7. 심슨의 등시곡선의 주기로부터 사이클로이드 방정식 유도 ·········· 69

13장 최단하강곡선 문제 ·· 74

13.1. 최단 하강곡선 문제를 풀기 위한 기초 ·· 74
13.2. 요한 베르누이 1697년 출간된 논문의 해 ·· 77
13.3. 야곱 베르누이의 해 ·· 82
13.4. 베르누이 형제의 첫 번째 해의 현대적 표현 ·· 86
13.5. 라이프니츠 기하학적 해 ·· 90
13.6. 라이프니츠 기하학적 해의 설명 ·· 93
13.7. 뉴톤의 해 ·· 94
13.8. 데이비드 그레고리의 뉴톤 해에 대한 설명 ·· 98
13.9. 베르누이 형제 1718년 논문의 해 ·· 100
13.10. 베르누이 형제 1718년 논문의 해의 해석학적 해석 ·· 104
13.11. 최단하강곡선 해의 역사 이야기 ·· 106

14장 오일러-라그랑쥬 방정식을 이용한 일반화 해법 ·· 110

14.1. 오일러-라그량주 방정식이란 ·· 110
14.2. 오일러-라그량주 방정식 증명 ·· 111
14.3. 오일러-라그량주 방정식을 이용한 최단하강곡선의 해 ·· 113

III부 사이클로이드의 다양한 성질

15장 현대 미적분학을 이용한 사이클로이드 성질 연구 ······116

15.1. 해석 기하학적 사이클로이드 정의 ······116
15.2. 사이클로이드 구적 ······118
15.3. 사이클로이드 호 길이 ······119
15.4. 사이클로이드 하강 시간 ······120
15.5. 최단하강곡선 구하기 ······122
15.6. 사이클로이드 등시곡선 성질 ······127
15.7. 사이클로이드 신계선 ······128
15.8. 사이클로이드 축폐선 ······130
15.9. 사이클로이드 축폐선의 벡터 해석 ······133
15.10. 사이클로이드 축폐선의 기하학적 해석 ······135

16장 직관적으로 사이클로이드 구적 구하기

16.1. 소개 ······139
16.2. 보조정리 증명 ······141
16.3. 사이클로이드 부채꼴 넓이(정리 1 증명) ······143
16.4. 직관적으로 넓이 구하는 방법의 역사 ······145

17장 구분구적을 이용한 호의 길이 구하기 ······148

18장 직관적으로 호 길이 구하기 ······150

19장 직관적으로 구적 구하기 ··151

20장 사이클로이드 방정식의 급수 표현 ································154

21장 사이클로이드 극 해시계 ··155
   21.1. 극 해시계의 시간선 작도 ··156
   21.2. 극 해시계의 시간선 계산 ··157
   21.3. 사이클로이드 극 해시계 ··158

PART 01

기하학을 이용한 연구

CYCLOID

1장 생활 속의 사이클로이드

사이클로이드는 실생활 속에서 많이 활용되어지고 있는 소재이다. 물고기는 물의 흐름을 빠르게 하려고 비늘 모양을 사이클로이드 곡선으로 진화를 시켰다. 우리나라의 기와 모양도 빗물에 의해 부식을 최소화하기 위해서 사이클로이드 곡선에 가깝게 제작됐다. 독수리가 토끼(먹이)를 낚아채기 위해서 빠른 속도로 하강할 때 사이클로이드 곡선의 궤적에 가깝게 그리면서 내려온다. (물론 먹이인 토끼가 정지해 있을 때일 것이다) 롤러코스터 역시 추진력을 많이 얻기 위해서 속도가 가장 빠르게 내려오게 하기 위해서 사이클로이드 곡선의 궤적으로 제작되었다. 진자시계는 벽시계로 불리는 회중시계에도 진자가 일정하게 움직여야 하므로 사이클로이드 등시곡선 성질을 이용한다. 자동차 감속기 내에서도 사이클로이드 곡선이 사용되는데 기어에서 톱니바퀴 모양은 손실률이 적은 에피사이클로이드 곡선 모양으로 제작되고 있다. [그림 1.1.]

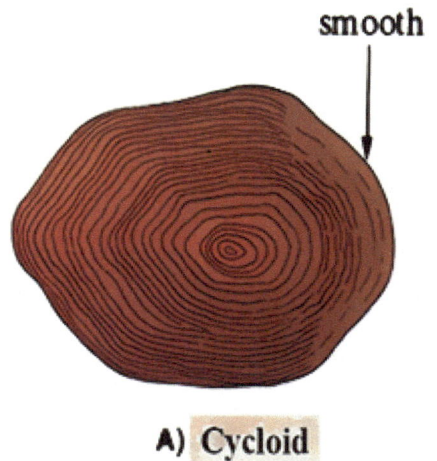

그림 1.1. 실생활 속 사이클로이드

 이처럼 사이클로이드는 실생활 주변에서 흔히 발견할 수 있다. 이것 외에도 많은 곳에서 사이클로이드 곡선이 활용되고 있고 발견을 할 수 있다. 이제 이 사이클로이드 곡선에 대한 수학자들의 고통과 연구를 어떻게 해왔는지를 살펴보자.

2장 '기하학자들의 헬렌' 그리고 '불화의 사과'

2.1. 세계를 변화시킨 사과

　세계를 변화시킨 4개의 사과가 있는데 아담의 사과[1], 파리스의 사과, 윌리엄 텔의 사과, 뉴톤의 사과이다. 물론 '에덴동산의 중앙에 있는 사과'는 성경의 창세기에 나오는 사과이고, '윌리엄 텔의 사과'는 실제의 사건인지 전설인지 모르지만, 스위스 독립운동의 시초가 되었던 사건의 중심 있는 사과이다. 과학의 일대 혁신을 이룬 만유인력의 법칙을 생각하게 일조를 한 '뉴톤의 사과'이다. 마지막으로 우리의 살펴볼 '파리스 사과'는 그리스·로마 신화 속에서 등장하고 일명 '황금 사과'라고 불린다. 더 정확히 말하면 '불화의 황금 사과' 이다. 이 '파리스 사과'가 수학의 역사에서 사이클로이드와 관련이 있는 사과이다.

2.2. 황금 사과

그림 2.1. 파리스

　황금 사과를 이야기하려면 그리스 신화를 이야기하지 않을 수 없다. 그리스·로마 신화의 뒷부분에 나오는 신들의 역사에서 인간의 역사로 넘어오게 되는 사건이 '트로이 전쟁[2]'인데 이 전쟁의 발단이 된 것이 바로 '황금 사과'이다. 트로이 전쟁의 직접적 원인은 트로이의 왕자 파리스가 스파르타 메넬라오스 왕의 부인 헬렌[3] 즉, 이웃 나라의 왕비를 유혹해서 트로이로 데려온 데서부터 시작한다. 그러면 일국의 왕자인 파리스가 어떻게 강국 스파르타

---

[1] 성경에서는 선악과로 나오는데 언제부터인가 사과로 그려지고 있다.
[2] 트로이 전쟁을 더 알고 싶다면 호머가 지은 두 책, 트로이 전쟁의 전말의 내용인 <일리아드>와 이 전쟁에 참여했던 신화시대 마지막 영웅인 오디세이의 오랜 시간에 걸쳐 귀향을 담은 <오디세이>를 읽어 보아라.
[3] 그리스 신화에서 '헬렌(Helen)', 로마 신화에서는 '헬레나(Helena)'로 불린다..

의 왕비를 유혹하는 일을 하였을까? 이 이야기는 파리스의 탄생까지 거슬러 올라가야 한다. 파리스의 아버지인 프리아모스 왕은 둘째 아들 파리스를 임신하였을 때 신전의 예언자들로부터 "태어날 아이가 장차 나라의 운명을 위태롭게 하는 일을 일으킬 것이다."라는 불길한 예언을 듣는다. 이에 파리스는 태어나자마자 목동에게 맡겨져 길러지는데, 양치기일지언정 그 외모는 지금으로 말하면 꽃미남이었을 것이다. 그에 걸맞은 외모에 바람기까지 있었으니 당대 천하의 바람둥이였다.

제우스는 올림푸스에서 테티스와 펠레우스의 결혼식 피로연을 연다. 이 둘은 신이 아닌 사람이었는데 테티스는 인간 겸 요정이었고, 제우스가 사모하여 쫓아다니던 여인이었다. 프로메테우스가 자신의 발목에 묶여있는 사슬을 풀어주는 대신 제우스에게 예언하였는데, 그 예언은 "누구든 테티스와 결혼하여 낳은 아이는 아버지를 능가하는 힘을 가질 것이다."라고 하였다. 이 예언 때문에 제우스는 이 여인을 취하지 못하였다. 그래서였을까? 제우스는 테티스의 중매자로 나섰고 그녀와 결혼시킬 남자를 포세이돈과 함께 세상의 모든 신랑감들을 예의 관찰하여 함께 찾은 남자가 바로 펠레우스이다. 포세이돈도 테티스를 좋아해서 쫓아다닌 신이었는데 그도 테티스를 취하지 못하였다. 그 이유 또한 제우스와 같은 이유에서였다.

펠레우스는 힘이 쎄고 과묵하고 정직한 남자였으나 다정다감한 편은 아닌 남자였다. 펠레우스가 어느 왕국에 묵게 되었는데 그 왕국의 왕비가 펠레우스를 유혹하였으나 이를 뿌리쳤고, 이에 왕비가 펠레우스에게 누명을 씌우려고 하였으나 왕은 이를 간파하여 그에게 죄가 없음을 알았다. 이러한 펠레우스를 제우스가 눈에 콩깍지를 씌우고 테티스를 설득하여 결혼하게 하였고 올림푸스에서 피로연을 여는데 여기에 양치기였던 파리스를 제우스가 초대한다. 또한, 모든 신을 초대를 하는데 단 한 명의 신만 초청하지 않는다. 바로 그녀가 불화의 여신인 '에리스'였다. 초대받은 신들은 결혼 선물을 하나씩 들고 찾아간다. 에리스는 선물 하나를 가지고 불청객으로 찾아간다. 그 선물이 "황금 사과"였다. 이 황금 사과는 '가장 아름다운 여신에게'라는 문구와 함께 놓여 있었다. 이 피로연에 참석하였던 여신들이 이 황금 사과에 눈독을 들였고 최종 세 여신이 경합하게 된다.

세 여신은 제우스의 부인이자 결혼과 가정의 여신 '헤라', 전쟁의 여신 '아테나', 미의 여신 '아프로디테'이다. 제우스는 이 세 여신이 서로 황금 사과를 자신이 가져야 한다고 하여 중재에 나서는데 신랑 펠레우스에게 결정을 내리도록 하나 펠레우스는 "오늘 결혼식의 주인공인 자신의 부인이 된 테레네에게 주어야 합니다."고 하여 결정을 고사하였다. 이에 제우스는 바람둥이인 파리스를 불러 세 여신 중에서 가장 아름다운 여신을 선택하게 된다. 그런데 파리스도 선뜻 선택하지 못하자 헤라는 "사과를 나에게 주면, 세상의 모든 권력과 부를 네 손에 주겠어."라고 파리스에게 제안한다. 이에 질세라 아테나는 "네가 전쟁에 나갈 때마다 이기게 해주겠다. 개선장군의 영예는 물론이고."라고 제안을 하였고, 아프로디테는 "세상에서 가장 아름다운 여인을 소개해줄게. 또 그 여인을 네 손에 넣을 때까지 도와줄게."라고 파리스에게 제안하였다. 이에 바람둥이의 기질이 어디 갈까! 바로 파리스는 아프로디테에게 황금 사과를 준다.

그림 2.2. 파리스와 황금사과(루브르 박물관 소장, 프랑스)

2.3. 왕비 헬렌과 트로이 전쟁

아프로디테는 약속을 지키기 위해서 세상의 가장 아름다운 여인을 찾았는데 그 여인이 바로 스파르타의 메넬라오스 왕의 부인인 헬렌 왕비였다. 아프로디테는 약속을 지키겠다는 신념으로 물심양면 도와주었다. 트로이 왕 프리아모스는 스파르타에 자신의 둘째 왕자인 파리스를 친선 사절로 보내게 되고, 파리스는 유부녀인 헬렌을 유혹하여서 트로이로 데려온다. 자신의 왕비를 빼앗긴 메넬라오스 왕이 가만히 있을 리가 있겠는가? 자기 친형인 미케네의 왕 아가멤논과 함께 트로이로 들어가 전쟁을 일으킨다. 이게 그 유명한 '트로이 전쟁'의 시작이다

2.4. '기하학자들의 헬렌' 그리고 '불화의 사과'

많은 수학자들이 사이클로이드와 그의 성질들을 연구하였다. 로베르발(Roberval, 1602-1675)은 1628년에 카발리에리(Cavalieri, 1598-1647)에 의해서 발견된 불가분량의 원리를 새로운 방법으로 활용하여 사이클로이드 곡선과 수직선 사이의 면적을 구하였다. 또한 페르마(Fermat, 1601-1665)와 데카르트(Descartes, 1596-1650)는 이 곡선의 접선을 그리는 각각 다른 방법으로 로베르발과 같이 사이클로이드 곡선과 수직선 사이의 면적을 구하였다. 갈릴레오(Galileo)의 문하생이었던 토리첼리(Torricelli, 1608-1647)는 자신이 발견한 사이클로이드의 접선과 면적에 대하여 1644년에 논문으로 출판하였다. 호이겐스(Huygens, 1629 - 1695)는 사이클로이드가 등시곡선을 발견하였고 이를 가지고 '호이겐스 시계'도 만들었다. 또한 베르누이(Bernoulli) 형제는 최단하강곡선이 사이클로이드 곡선임을 발견하였고 이를 가지고 수학자들에게 문제를 내었는데 뉴턴(Newton), 라이프니츠(Leibniz), 로피탈(L'Hopital)이 그에 답을 내기도 하였다. 이것을 보아도 많은 수학자들이 달려들어 이 곡선에 관한 연구를 하였으니 가히 '기하학자들의 헬렌(Helen of Geometers)'이라고 말할 수 있겠다.

그러나 그리스 세 여신이 '황금 사과'를 두고 서로 자신의 사과라고 싸웠듯이, 17세기 많은 수학자들이 연구를 하다 보니 "내가 먼저 발견하였다.", "당신의 증명은 매우 논리적이지 못하다."라면서 논쟁을 하였고, 서로 얼굴을 붉히는 일도 빈번히 일어났다. 그래서인지 사이클로이드 곡선을 수학의 '불화의 사과(Apple of Discord)'라고도 부른다.

3장 사이클로이드의 초기 역사

3.1. 사이클로이드 초기 연구

17세기는 수학의 역사상 가장 혁신적인 기간이다. 17세기 초에는 해석기하학의 탄생과 다양한 접선, 면적, 부피의 계산하는 새로운 방법들이 발견되었다. 또한, 17세기 말에는 이러한 결론들로 인해 미적분학의 발달의 가져오게 되는 시기였다. 하나의 곡선이 드라마의 주역이 되었고, 이 시기에는 거의 모든 수학자가 다루었고, 새로운 기법으로 논증 시도를 많이 하였다. 그 곡선이 바로 사이클로이드이다.

사이클로이드는 원이 직선 위를 미끄러짐 없이 굴러갈 때(우리는 이를 "원을 굴린다."라고 한다.) 원주 위의 한 점이 그리는 자취이다. [그림 3.1.]

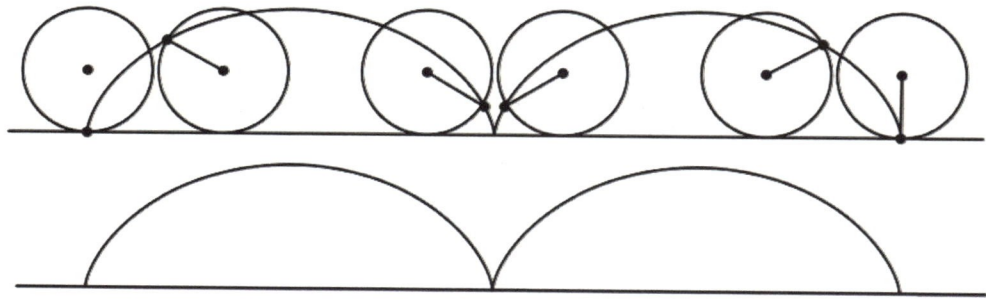

그림 3.1. 사이클로이드

기원전 3000년경에 바퀴가 고안됐다. 사이클로이드는 발견되기를 바라고 있었다. 그러나 이것은 확실하고 정확한 증거는 없다. 스미스(D. E. Smith)는 그의 저서 <수학의 역사, History of mathematics>에서 사이클로이드 곡선에 대하여 아래와 같이 적어 놓고 있다. "사이클로이드 곡선은 때로는 1450년에 니콜라스 쿠사(Nicholas Cusa)로 부터 기인했다고 하는데 이는 불분명하고, 처음 이 곡선은 1501년에 찰스 데 보울레스(Charles de Bouelles)가 연구하였다. 이후 1599년에 갈릴레오(Galileo), 1628년에 메르센(Mersenne) 그리고 1634년에 로베르발(Roberval)에 의해서 시선을 끌게 되었다. 파스칼(Pascal)은 1659년에 이 곡선의 구적 문제를 완벽하게 풀이를 하였고, 수평선에 평행한 직선에 의해서 잘린 활꼴 부분의 무게중심을 발견하였다. 요한과 야곱 베르누이(Johann and Jakob Bernoulli)는 이 곡선이 최단하강곡선(Brachistochrone)[4]임을 보였고, 호이겐스(Huygens)는 1673년에 시계추에 적용되는 등시 성질(Tautochronous)[5]을 보였다." 위의 구문은 1925년에 출판됐고, 이 곡선의 역사를 학습하는 학생들에게는 아직 매우 꽤 타당성이 있다.

고대 그리스인들도 사이클로이드 곡선은 '2종 운동(double motion)'이라고 불리는 같은 현상을 알고 있었다. 그러나 이 곡선에 대하여 알려고 하거나 연구하려고 하는 흔적이 없다. 쿠사(Cusa)[6]는 1679년에 죤 왈리스(John Wallis)에게 보낸 편지에 이 곡선을 발견하였다고 적고 있다. 칸토어(Cantor)를 포함한 많은 수학자들이 이 곡선의 성질을 발견하지 못하였을까? 이 곡선의 발견자들만을 남겨 놓고 역사에서 잊혀져 갔다. 프랑스 수학자인 찰스 데 보울레스(Charles de Bouelles)도 이 곡선을 연구하였는데, 1501년에 원의 면적과 같은 정사각형을 찾는 문제의 기계적인 해를 찾는 중에 원을 굴려 원주의 한 점에 의해서 나타나는 곡선을 최초로 언급하였다. 그는 원을 굴렸을 때, 반지름이 굴린 원의 반지름의 $\frac{5}{4}$배인 큰 원의 일부일 것이라는 잘못된 생각을 하였다.

최초로 이 곡선을 매우 심사숙고하고 진지하게 연구를 한 수학자는 갈릴레오(Galileo)이다. 1640년 카발리에리(Cavalieri)에게 보낸 편지에서 5년 이상 한 곡선(사이클로이드)에 관해서 연구하고 있다고 하였다. 또한 칸토어(Contor)에 의하면, "갈릴레오(Galileo)가 이 곡선에 이름을 원과 같은(circle-like) 그리스 단어로 cycloid(사이클로이드)로 지어 주었다."고 한다. 그는 또한 원적문제(quadrature of the circle)는 주어진 원과 같은 면적을 갖는 정사각형을 찾는 아주 오래되고 유명한 문제인데 이와 같은 방법을 응용하여서 이 곡선의 아래 면적과 같은 사각형을 찾으려고 시도를 하였다. 이 방법은 매우 간단하고 직접적이다. 그러나 매우 지루하고 힘든 작업이었을 것이다. 갈릴레오(Galileo)는 조금은 무식한 방법이긴 하지만 사이클로이드를 품는 밀도가 일정한 직사각형을 만들고 사이클로이드 밖의 도형을 잘라서 이의 면적을 측정하고 직사각형의 면적에서 잘라낸 면적을 빼내어서 남은 도형의 면적을 측정하고 원의 면적과 비교를 하였다. 비교하니 경험적으로 근사적으로 바로 3:1(사이클로이드 면적:원의 면적)이라는 결론을 얻었다. 갈릴레오(Galileo)는 두 면적의 비율이 '나누어지지 않는 수' 즉 무리수의 비율을 가질 것(잘못된 생각)이라는 생각을 포기하였다.

---

4) 'Brachistochrone'는 가장 짧음을 의미하는 그리스어 'brakistos'와 시간을 의미하는 'kronos'의 합성어로 '최단하강곡선'을 의미한다.
5) 'Tautochronous'는 'isochrone'이라고도 불리고 '등시곡선'을 의미한다.
6) Cusannus라고 불리기도 한다

경험적으로 면적을 비교하여 독창적으로 접근하는 과학적 접근은 갈릴레오(Galileo)의 특징이다.

　메르센(Mersenne)7)은 약 1615년쯤 이 곡선에 관심을 가지게 되었다. 그는 때로는 사이클로이드를 발견한 자로 이야기하기도 하나, 갈릴레오(Galileo)로 부터 들었을 가능성이 있다. 단지 그가 바로 이 곡선을 확실한 수학적 정의를 처음으로 하였다는 것은 신빙성이 있다. 그는 수평선(원을 굴릴 기준선)에 원을 굴렸을 때, 이 곡선의 연속적으로 생기는 첨점 사이의 거리가 원의 원주 길이와 같다는 사실을 매우 주의 깊게 관찰을 하였다. 이 사실이 이 곡선의 아이디어를 생각하게 하는 처음 단서가 초기 이론의 명맥 한 사실이다. 그는 처음 이 곡선이 반 타원 일 것이라 생각하였다. 그러나 이 추측은 곡선 자체가 매우 비슷해서 생각한 것이다. [그림 3.2.]를 보아라. 그 차이점을 확연히 알 수 있다. 메르센은 최소 3명의 수학자들인 로베르발, 데카르트, 그리고 페르마에게 사이클로이드 곡선의 구적 문제와 이 곡선의 한 점에서 접선 작도에 대한 문제를 제안하였다. 1638년에 3명의 수학자들(로베르발, 데카르트, 그리고 페르마) 모두 각기 다른 방법의 접선 작도에 대하여 답장을 하였고, 단지 로베르발 만 면적을 구하였다. 1638년에 메르센은 이 곡선의 한 점에서 접선을 작도 하였고, 이 곡선을 수평선으로 회전시킨 도형의 체적을 구하였다. 그러나 메르센은 다른 사람과 이를 두고 논쟁이 일어나는 것을 달갑지 않게 생각해서 이를 논문으로 출판을 하지 않았다.

　1628년에 로베르발(Roberval)은 이 곡선을 연구하는 메르센(Mersenne)을 격려하고, 1634년에 구적 문제, 즉 원이 굴렀을 때 생기는 곡선 아래의 면적이 확실히 굴린 원의 면적의 3배임을 해결하였다. 사이클로이드에 관한 이론들이 공표되고 있을 당시, 로베르발은 일찍이 이러한 같은 결론을 먼저 발견하였다는 주장의 편지를 보냈다. 이 편지에서 내키지 않은 논문 발표에 대한 입장을 설명하였는데, 그 입장은 공개적으로 선출되는 3년 임기의 로얄 대학(The College Royal)의 라무스 수학자 회장 자리(The Ramus chair of mathematics)에 있었다는 사실에 관한 것이었다. 재직자는 경쟁적으로 발생한 문제(특히 사이클로이드 문제)를 책임을 져야 한다. 그래서 이러한 사실을 비빌로 하였고, 이를 매우 잘하였다고 생각하였다. 그의 이 곡선에 대한 해법들은 그가 죽은 지 8년 후, 1693년에 논문으로 출판되었다. 로베르발에 의해서 구해진 이 곡선의 구적은 갈릴레오가 발견한 곡선 아래의 면적에 대한 새로운 방법에 따른 발견이었다. 그의 방법은 "보나벤튜라 카발리에리(Bonaventura Cavalieri)" 혹은 "카발리에리 원리(Cavalieri's principle)"에 의해서 구하였다.

---

7) 그는 자신의 이름을 가진 상 '메르센 상(Mersenne prime)'을 만들기도 하였다.

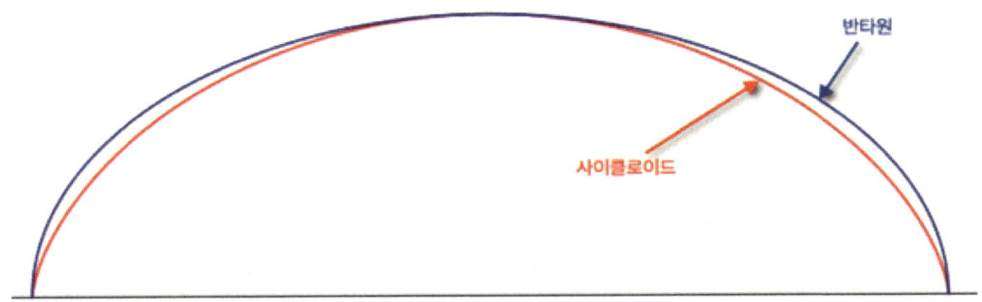

그림 3.2. 사이클로이드와 반타원 비교

4장 로베르발 연구

4.1. 로베르발의 사이클로이드 정의

현대적인 표현으로는 매개변수와 삼각함수를 이용하여 매개변수 함수로 나타내고 미적분을 이용하여 계산한다. 그러나 로베르발(Roberval)이 활동할 당시에도 삼각함수 값은 잘 알려져 있었으나 함수의 개념은 아직 발달 되지 않았다. 로베르발은 [그림 4.1.]에서 처럼 사이클로이드 정의를 하였다.

"원 AGB의 지름 AB를 접선 AC를 따라서 움직인다. 또한, 선분 AB가 선분 CD까지 움직일 때 점 X에서 평행한 직선이 항상 존재하고, 선분 AC의 길이 $\overline{AC}$는 반원 AGB의 원의 원주 길이와 같다. 그리고 선분 AB가 선분 AC를 따라 움직이는 속도와 같게 동시에 점 A가 반원 AGB를 따라서 움직인다."

이것은 원은 굴렸을 때처럼, 점 A가 점 X까지 움직인 거리 $\overline{AX}$와 반원 AGB의 호 $A'X$의 길이 $\overparen{A'X}$ 와 같다. 즉,

$$\overline{AX} = \overparen{A'X} \tag{4.1}$$

이다.

선분 AB가 선분 CD에 도착하였을 때, 원 위의 점 A도 점 D에 도착을 한다. 그러면, 점 A는 두 가지의 운동을 한다. 하나는 선분 AC 따라 움직이는 운동과, 또 하나는 반원 AGB를 따라 움직이는 운동이다.

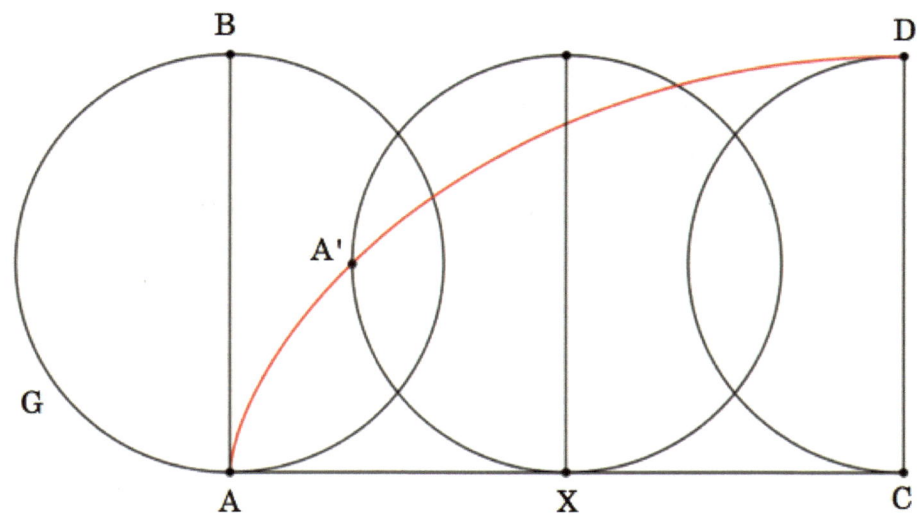

그림 4.1. 로베르발의 사이클로이드 정의

4.2. 로베르발의 접선 작도

로베르발은 원의 운동을 2개의 운동처럼 생각을 해서, 하나의 원은 회전 운동으로 다른 하나는 앞으로 나아가는 직선운동으로 생각하였다. 그는 이러한 정의를 가지고 사이클로이드 위의 임의의 점에서 접선을 작도하였다. 이때 원이 수직선 위를 미끄러짐 없이 회전하였을 때 회전 속도와 같이 앞으로 나아가는 속도가 같다. 원의 두 운동의 속도 벡터 합으로 나타내어서 접선 벡터를 구할 수 있다. 여기서 속도는 등속도 운동[8]이다. [그림 4.2.]에서 원 위의 임의의 점 P에서 수평선에 평행하게 즉, $|\overrightarrow{PQ}|$를 앞으로 나아가는 속도라 하고, 또한 원의 접선을 그리고 $|\overrightarrow{PH}|$를 회전 속도가 앞으로 나아가는 속도와 같게 즉, $|\overrightarrow{PQ}|=|\overrightarrow{PH}|$가 되게 점 H를 잡자. 그러면 두 선분으로 하는 평행사변형 원리에 의해서 두 벡터의 합으로 작도하여 대각선 벡터 $\overrightarrow{PV}$가 되게 잡는다. 그러면 $|\overrightarrow{PQ}|=|\overrightarrow{PH}|$이므로 $\overrightarrow{PV}$는 각 $HPQ(\angle HPQ)$의 각 이등분 벡터이다. $\overrightarrow{PH}$는 원의 반지름 CP와 수직이고, 삼각형 CPT가 이등변 삼각형이므로

---

[8] 속도가 일정한 운동

$$\angle CPT = \angle CTP$$

이다. 그리고 $\angle TQQ = 90°$ 이어서

$$\angle HPV = 90° - \angle CPT = \angle TPQ$$

이다. 그러므로 ∠HPQ의 각 이등분선 PV가 직선 PT위에 있다. 이것은 원을 굴렸을 때 항상 원의 위에 있는 점 T와 사이클로이드 곡선 임의의 점 P의 선분 PT가 사이클로이드 위의 임의의 점 P에서 접선이다. 그러므로 자전거 바퀴의 맨 위에 있는 곳이 아닌 개미는 항상 바퀴의 맨 위 점을 향해서 항상 직선으로 움직이고 있다. 또한, 수직선 위를 원이 움직일 때 항상 접해 있는 점 O라 하면, 직선 OP는 접선 PT와 항상 수직임을 알 수 있다.

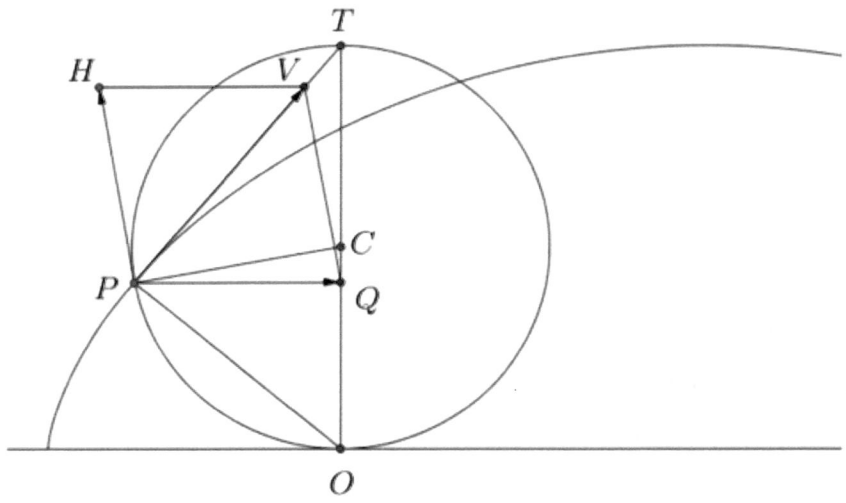

그림 4.2. 로베르발의 접선 작도

4.3. 로베르발의 구적 계산

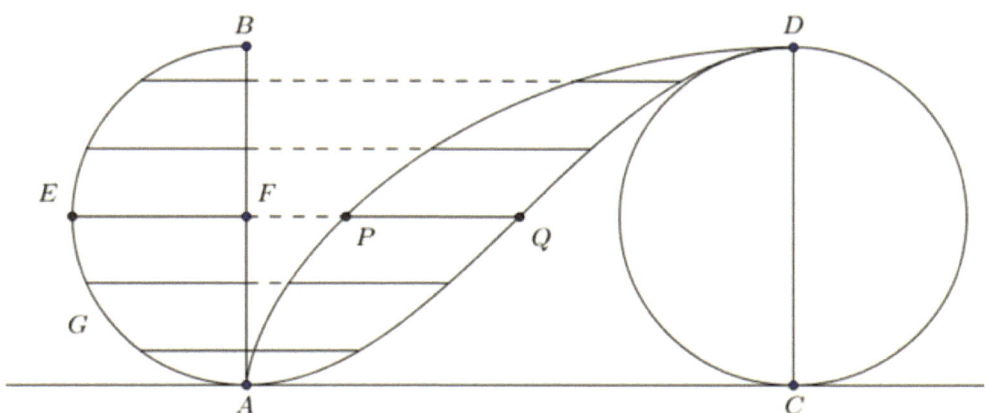

그림 4.3. 로베르발의 동반곡선 정의

로베르발은 사이클로이드 곡선과 수직선 사이의 면적을 구하기 위해서 새로운 곡선을 그렸다. 이 곡선을 '동반 곡선(companion curve)'이라고 하고 사이클로이드를 따라가면서 반원의 길이만큼 차이가 나게 하는 방법으로 작도를 하였다. 사이클로이드 위의 임의 점 P이라고 하자. 원이 굴러가는 직선 AC와 평행한 직선을 따라서 반쪽 현 EF의 길이와 $\overline{EF}$와 일치하게 즉, $\overline{EF} = \overline{PQ}$가 되도록 선분 PQ를 그린다. [그림 4.3.]에서는 반쪽 현 여러 개를 추가하였고, 길이가 같은 선분임을 보여준다. 동반 곡선은 점 Q의 자취이다. 이 곡선은 실제로 로베르발이 이 곡선이 사인 곡선(sinusoid)[9]이라는 사실을 알지 못하였지만, 그가 고안한 사인 곡선이다.

로베르발은 '카발리에리 원리(Cavalieri Principle)'[10]의 2차원 성질을 이용하여 사이클로

---

9) 싸이 함수 $f(x) = a\sin(\omega x + b) + c$로 진폭이 $|a|$이고, 주기가 $\dfrac{2\pi}{\omega}$이다.

10) 카발리에리의 원리(Cavalieri's principle)는 이탈리아의 수학자인 보나벤투라 카발리에리가 발견한 수학 원리로, 경계면으로 둘러싸인 두 입체 $V_1 : V_2$를 하나의 정해진 평면과 평행인 평면으로 자를 때, $V_1 : V_2$의 내부에 있는 잘린 부분의 면적의 비가 항상 $m : n$이면 입체 $V_1 : V_2$의 부피의 비도 $m : n$이 된다는 수학적 원리이다. 다시 말해 '어떤 두 개의 평면도형을 정직선에 평행인 직선으로 나누었을 때, 도형 내에 있는 선분의 비가 항상 $m : n$ 일 때는, 그 2개의 도형의 넓이의 비도 $m : n$과 같다.'라는 것이다. 또한, 이 원리를 입체인 경우로 확장하면 '단면의 비가 일정하면, 전체의 비도 똑같다'라고 간단하게

이드 곡선과 동반 곡선 사이의 면적은 반원의 면적이고, 그 값이 $\frac{1}{2}\pi r^2$임을 보였다.

수직선에 평행한 직선이 반원의 반쪽 현 길이와 사이클로이드 곡선과 동반 곡선 사이의 도형이 수직선에 평행한 직선에 의해서 잘려진 길이가 같기 때문에 두 닫혀있는 도형의 면적은 같다. 그러므로 사이클로이드 곡선과 동반 곡선 사이의 면적은 반원의 면적이다. 로베르발은 다시 '카발리에리 원리'를 사각형 $ACDB$에 다시 적용하였다. [그림 4.4.]에서 왼쪽 도형의 선분 MN과 오른쪽 도형의 선분 RS의 길이가

$$\overline{MN} = \overline{RS}$$

로 같으므로 사각형 $ACDB$의 면적을 동반 곡선이 둘로 나눈다. 왼쪽 반원은 오른쪽으로 움직이고 오른쪽 반원은 왼쪽으로 움직인다고 생각하여라. 그러므로 동반곡선 AD, 수직선 AC 그리고 선분 CD로 둘러싸인 면적은 사각형 $ACDB$ 면적의 절반이고 그 값은

$$\{\pi r \times 2r\} \times \frac{1}{2} = \pi r^2 \tag{4.2}$$

이다. 따라서 사이클로이드 곡선과 수직선 사이의 면적은

$$2\left\{\frac{1}{2}\pi r^2 + \pi r^2\right\} = 3\pi r^2 \tag{4.3}$$

이다.

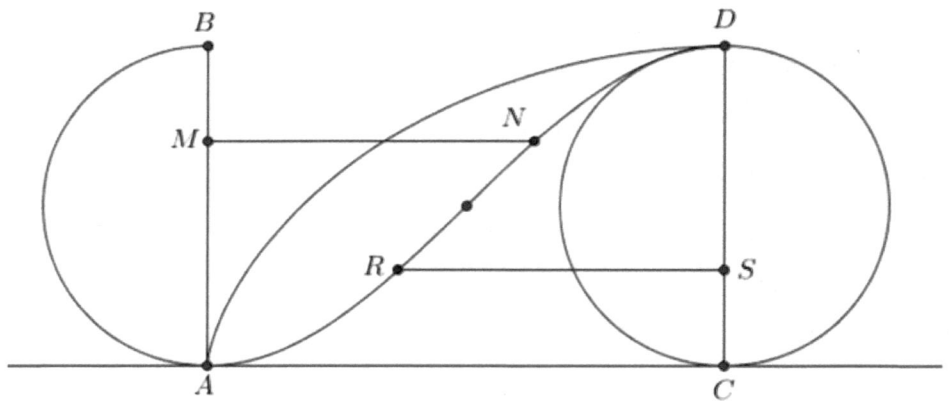

그림 4.4. 사각형의 면적을 둘로 나누는 동반 곡선

말할 수도 있다.

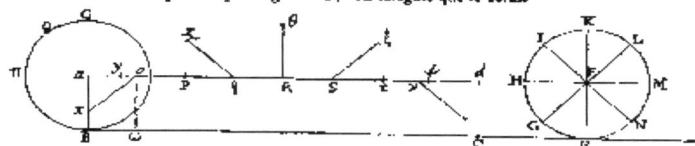

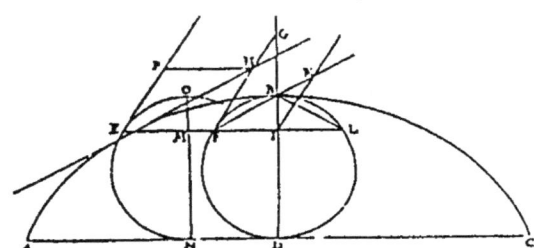

그림 4.5. 로베르발의 사후 출간된 논문

4.4. 로베르발의 사이클로이드 곡선 구적의 해석기하학적 해석

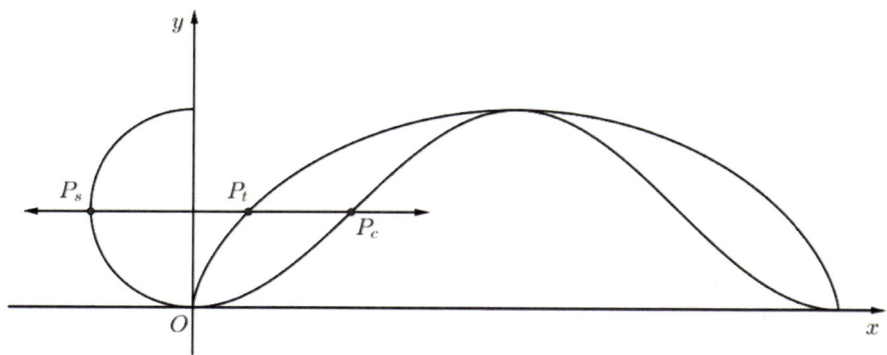

그림 4.6. 사이클로이드와 동반곡선의 수평선과 평행한 직선과의 교점

사이클로이드의 동반 곡선을 구하여 보자. 로베르발이 생각한 사이클로이드의 면적을 구할 때 [그림 4.6.]에서, 동반 곡선의 한 점 P_c와 사이클로이드 곡선 위의 점 P_t 그리고 반원의 위의 한 점 P_s의 높이가 같다. 동반 곡선의 수직선과 평행인 직선은

$$y = r(1 - \cos t) \tag{4.4}$$

로 같다.

또한 로베르발이 동반 곡선의 정의에 따라 P_s와 y축 사이 거리는

$$d(P_s, y-axis) = 0 - (-r\sin t) = r\sin t \tag{4.5}$$

이다. 그리고 P_c와 P_t 사이 거리는

$$d(P_c, P_t) = rt - (rt - r\sin t) = r\sin t \tag{4.6}$$

이다. 따라서 원이 t만큼 회전하였을 때, 각각의 위치는

$$P_s(-r\sin t, r(1-\cos t)), \ P_t(r(t-\sin t), r(1-\cos t)) \tag{4.7}$$

이다. 따라서 P_c의 x성분은 P_t의 x성분에 $d(P_s, y-axis) = r\sin t$를 더한 것이므로

$$r(t - \sin t) + r\sin t = rt \tag{4.8}$$

이다. 그러므로 P_c의 좌표는 식 (4.8)에 의해서

$$P_c(rt,\ r(1-\cos t)) \tag{4.9}$$

이다. 결론적으로 사이클로이드의 동반 곡선의 매개변수 방정식은

$$\begin{cases} x = rt \\ y = r(1-\cos t) \end{cases} \tag{4.10}$$

이다.

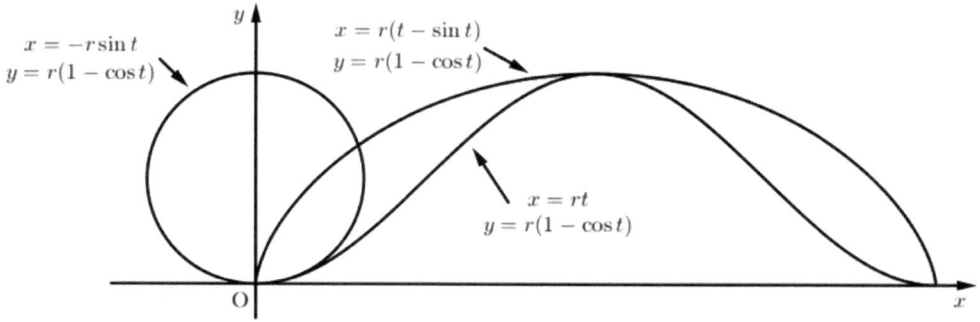

그림 4.7. 사이클로이드 곡선과 동반 곡선 매개변수 방정식 표현

카발리에리 원리에 의해서 반쪽 사이클로이드와 동반 곡선 사이의 면적은 반원의 면적 $\dfrac{\pi r^2}{2}$과 같다. 그러므로 사이클로이드와 동반 곡선 사이의 전체 면적은 πr^2이 된다.

이제 사이클로이드와 동반 곡선 사이의 면적을 구하였으니 이제 동반 곡선 아래의 면적을 구하여야 한다. [그림 4.7.]을 보아라.

$$(x = \pi r \text{과 } P_t \text{까지의 거리}) = \pi r - rt = r(\pi - t) \tag{4.11}$$

$$(y \text{축으로 부터 } P_{\pi - t} \text{까지의 거리}) = r(\pi - t) - 0 = r(\pi - t) \tag{4.12}$$

로 거리가 같다. t의 범위가 0에서 π까지 변할 때 길이가 모두 같으므로 '카발리에리 원리'에 의해서 두 면적이 같다. 그러므로 동반 곡선 아래의 면적은 직사각형의 절반이므로

$$(\text{직사각형의 면적}) = \pi r \times 2r \times \frac{1}{2} = \pi r^2 \tag{4.13}$$

이다.

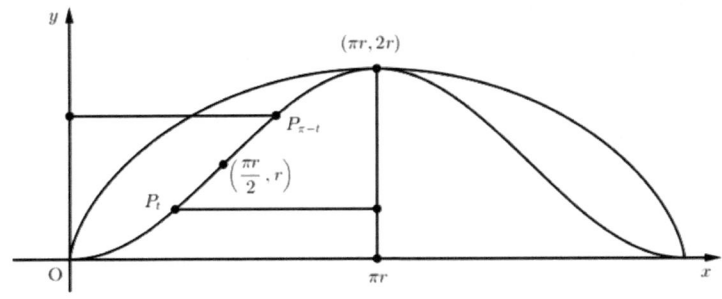

그림 4.8. 동반곡선의 구적

[그림 4.8]에서 절반의 동반 곡선 면적 πr^2이므로 전체 동반 곡선 아래 면적은 $2\pi r^2$이 된다. 따라서

(사이클로이드와 수평선 사이 면적)
= (사이클로이드 곡선과 동반 곡선 사이의 면적) + (동반 곡선과 수직선 사이의 면적)
$= \pi r^2 + 2\pi r^2 = 3\pi r^2$ (4.14)

이다.

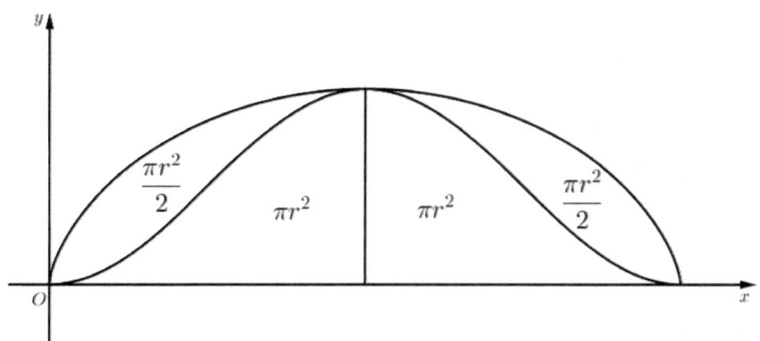

그림 4.9. 사이클로이드 구적

따라서 사이클로이드 곡선과 수평선 사이의 면적은 $3\pi r^2$이다. 동반곡선이라는 곡선을 정의하고 이를 이용하여 사이클로이드 곡선의 구적을 구하였다는 것이 창의적으로 풀이를 하였다고 할 수 있다. [그림 4.9]

5장 데카르트

데카르트는 로베르발이 사이클로이드 곡선의 아래 면적을 구하였을 때, "로베르발은 작은 결론을 얻기 위해서 너무 부자연스럽다."라고 언급하였다. 이에 로베르발은 "발견한 해답의 선행 지식은 도움을 줄 것이라 믿는다."라고 대답하였다. 데카르트는 페르마와 누가 더 좋은 작도 방법인가를 놓고 논쟁을 벌였다. 데카르트는 페르마의 논리에 "내가 보기에는 너무 말도 안 되게 횡설수설하고 있다."라고 맹렬히 비난하였다. 로베르발은 페르마 편을 들었고, 이를 데카르트는 메르센에게 로베르발의 작도에 대한 비판을 담은 편지를 즉시 썼다. 이러한 논쟁은 사이클로이드 곡선의 접선 작도를 한 시기가 같았고, 서로의 작도 방법에 대한 일반적 동의를 구하지 않았기에 때문에 생긴 일이다. 그럼 이제 데카르트의 접선 작도를 살펴보도록 하자.

5.1. 데카르트 접선 작도

[그림 5.1.]에서 처럼 사이클로이드 곡선 AGD 위의 임의의 점 P에 대하여 원이 굴러가는 선분 AC에 평행한 선분 PE를 그리고 원과 만나는 교점을 점 E라고 하자. 선분 EC와 평행하게 선분 PQ를 그리고, 점 P에서 선분 PQ에 수직인 직선 PH를 그린다. 그러면 직선 PH가 사이클로이드 임의의 점 P에서 접선이다.

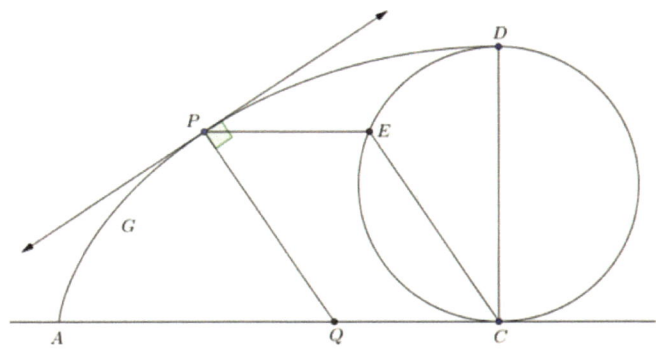

그림 5.1. 데카르트의 접선 작도

5.2. 데카르트 접선 작도의 정당성

데카르트는 5.1절의 방법의 정당성을 주장하였다. 이는 원을 굴리는 것을 다각형을 굴리는 것으로 대체하여서 생각하였다. [그림 5.2.]에서 정육각형 $ABCDEF$를 보자. 꼭짓점 A를 꼭짓점을 B, C', D', E' 그리고 F'을 중심으로 회전을 시켰을 때 생기는 자취는 원 호 부분들이다. 각각의 원 호 들 위의 점에서 접선은 각각의 호 들 중심에서 접점을 이은 직선에 수직이다. 데카르트는 "다각형의 변들을 천개 또는 만 개로 늘려도 같은 현상이 일어날 것이다. 결과적으로 원에서도 같다."라고 주장하였다. [그림 5.1]에서 점 Q에서 작도를 하면 되는데, 그 위치는 원을 굴렸을 때 수직선 위에 접하는 점이다.

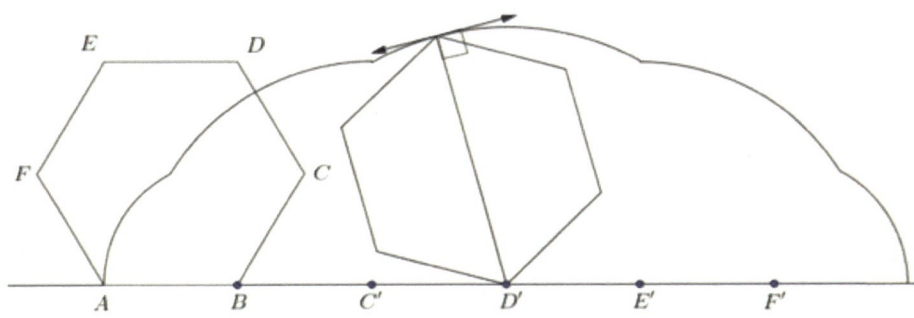

그림 5.2. 접선 작도의 정당성

데카르트가 극한의 개념을 사용하였다는 것이 매우 흥미롭다. 이 당시에 얼마나 보편적으로 극한의 개념이 사용되었는지를 알 수 있다.

6장 페르마

6.1. 페르마 준상등 정의

페르마의 방법은 곡선의 서로 다른 두 점을 가까이 접근시켜 한 점에서 접선을 구하는 현대의 접선 정의와 같다. 현재 수학으로 보면 '근사값의 개념' 정도라고 말을 할 수 있다. 수학의 정밀성보다는 물리학적인 개념으로 접근을 하였다. 페르마의 방법을 사용하려면 '준상등' 또는 '준등식(adequality)'의 정의부터 시작하여야 한다. 여기서는 '준상등'으로 통일하여 전개하겠다.

'준상등(adequality)'이란 페르마가 정의한 용어이다. 이 용어는 라틴어인 'adaequalitas'에서 그 의미를 이용하여 만들었고, 이를 최댓값과 최솟값을 구하거나 접선을 작도하거나 찾는 데 사용하였다. 페르마는 이 개념을 디오판투스(Diophantus)으로 부터 빌려왔다. 디오판투스 V.11의 책에 보면 '근사적 상등(approximate equality)'의 개념을 사용하였다. 근사적 상등을 사용하면서 'παρισότης'의 신조어를 만들었다. Claude Gaspard Bachet de Méziriac는 디오판투스의 근사적 상등을 라틴어 'adaequalitas'로 해석하였고, Paul Tannery가 페르마가 사용한 준상등을 프랑스어 'adéquation'와 'adégaler'로 해석을 하여서 이를 사용 하였다.

페르마가 사용한 준상등(adequality) 방법은 $f(x)$의 최댓값 또는 최솟값을 찾기 위해서 $f(x+e)$와 같다고 놓고, 대수적으로 계산을 하여 e로 나누고, e와 관련된 항을 소거하여 계산을 한다.

예를 들어서 $f(x) = bx - x^2$의 최댓값을 찾아보자. $f(x+e)$를 구하면 아래와 같다.

$$f(x+e) = b(x+e) - (x+e)^2 = bx + be - x^2 - 2ex - e^2 \tag{6.1}$$

준상등의 기호를 ~이라고 나타내면,

$$bx - x^2 = bx + be - x^2 - 2ex - e^2 \tag{6.2}$$

대수적인 방법에 의해서 양변을 소거하고 이항을 시켜서 음의 항이 보이지 않게 한다.

$$be \sim 2ex + e^2$$
$$b \sim 2x + e$$

e를 소거하고 그 식을 같다고 놓으면

$$2x = b \qquad (6.3)$$

따라서

$$x = \frac{b}{2}$$

이다. 그러므로 $f(x) = bx - x^2$은 $x = \frac{b}{2}$에서 최댓값을 갖는다. 위를 예를 통해서 보면 페르마의 준상등 정의는 지금의 함수의 극한값을 구하는 것과 같은 개념이다.

6.2 페르마 접선 작도

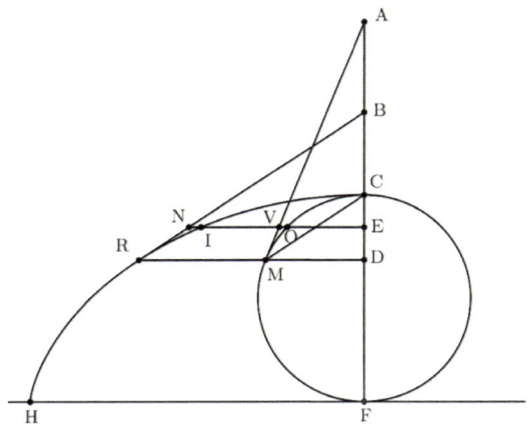

그림 6.1. 페르마의 접선 작도

호 $HRIC$는 사이클로이드 곡선이고, 점 C는 원의 맨 위의 꼭지점, 선분 CF는 반지름이자 축이고, 반원 $COMF$와 사이클로이드 곡선 임의의 점 R이라 하자. 그러면 점 R에서 접선 RB를 작도를 하여보자.

접선 RB를 작도 하기 위해서 임의 점 R에서 축 CDF에 수직인 직선 RMD라 하고 반원과의 교점을 M이라 하자. 그러면

$$\overline{RD} = \overline{DM} + \overparen{CM} \tag{6.4}$$

이다. 이는 해석학으로 보일 수 있는데 원의 중심을 H라 하자. 점 R의 x성분은 $r(t - \sin t)$이어서

$$\overline{RD} = \pi r - r(t - \sin t) \tag{6.5}$$

이다. 또한 $\angle MHF = t$이므로 $\angle MHD = \pi - t$이므로

$$\overline{MD} = r \times \sin(\pi - t) = r \sin t, \quad \overparen{CM} = r(\pi - t)$$

이다. 그러므로

$$\overline{RD} = \overline{DM} + \overparen{CM}$$

이 성립한다. 이제 점 M에서 접선을 그리자. [그림 6.1.]처럼 작도 되었다고 하자. 그리고 각 선분들을 미지수인 상수로

$$\overline{DM} = a, \ \overline{DA} = b, \ \overline{MA} = d, \ \overline{MD} = r, \ \overline{RD} = z, \ \overparen{CM} = n \tag{6.6}$$

이라고 하고, 임의의 선분 DE를

$$\overline{DE} = e \tag{6.7}$$

라 하자. 점 E로 부터 직선 RMD에 평행한 직선 $EOVIN$을 작도 한다. 그러면 선분 $NIVOE$의 길이는

$$\frac{a}{a-e} = \frac{z}{\overline{NIVOE}} \tag{6.8}$$

을 만족하고, 이를 정리하면,

$$\overline{NIVOE} = \frac{za - ze}{a}$$

이다. 준상등 정의에 의해서

$$\overline{NIVOE} \sim \overline{IVOE} = \overline{OE} + \overparen{OC}, \quad \overparen{OC} = \overparen{CM} - \overparen{MO} \tag{6.9}$$

이어서 식 (6.9)를 정리하면

$$\overline{NIVOE} \sim \overline{OE} + \overparen{CM} - \overparen{MO} \tag{6.10}$$

이다. 삼각형 AMD와 AVE가 닮음이므로 비례 법칙에 의해서

$$\frac{\overline{DA}}{\overline{DA} - \overline{DE}} = \frac{\overline{MD}}{\overline{EV}}$$

$$\frac{b}{b-e} = \frac{r}{\overline{EV}}$$

$$\overline{EV} = \frac{rb - re}{b} \tag{6.11}$$

이다. 또한

$$\frac{\overline{DA}}{\overline{MD}} = \frac{\overline{DE}}{\overline{MV}}$$

$$\frac{b}{d} = \frac{e}{\overline{MV}}$$

$$\overline{MV} = \frac{de}{b} \tag{6.12}$$

이다. 마지막으로 $\widehat{CM} = n$이므로, 이를 준상등 식에 대입을 하면

$$\frac{za - ze}{a} \sim \frac{rb - re}{b} + n - \frac{de}{b} \tag{6.13}$$

이고 식 (6.13)의 양변에 ab를 곱하여 정리하면,

$$zba - zbe \sim rba - rae + bna - dae \tag{6.14}$$

이다. 또한 $z = r + n$이므로 이를 식 (6.14)에 대입하여 정리하면

$$zba - zbe \sim zba - rba - dae$$

$$zbe \sim rbe + dae \tag{6.15}$$

이다. 마지막으로 식 (6.15)에서 e를 소거하면,

$$zb = ra + da$$

$$\frac{r+d}{b} = \frac{z}{a}$$

$$\frac{\overline{MA} + \overline{MD}}{\overline{DA}} = \frac{\overline{RD}}{\overline{DB}}$$

$$\frac{\overline{MD}}{\overline{DC}} = \frac{\overline{RD}}{\overline{DB}} \tag{6.15}$$

이다. 이것으로 '직선 CM과 직선 RB가 평행하다'는 결론을 얻을 수 있다. 따라서 임의의 점 R에서 접선은 직선 MC와 평행하게 그리면 된다.

7장 토리첼리

7.1. 토리첼리의 죽음에 대한 소문

토리첼리(Torricelli)는 갈릴레오의 문하생이었고, 그의 책 <Opera Geometrica>의 부록에 사이클로이드의 구적의 해를 실었고, "우리는 지금 원에 의해서 만들어지는 사이클로이드 면적이 원의 면적과의 비율이 얼마인가를 묻고 있다. 그 비율이 3이라는 것을 증명하였다. 이것을 할 수 있게 하신 하나님께 감사드린다."라고 적어 두었다. 자신의 논문에서 사이클로이드의 성질을 소개하였다. 로베르발은 자신의 창의적으로 생각한 방법의 결론을 먼저 논문으로 낸 토리첼리를 맹렬히 비난을 하였고, 많은 편지를 통해서 토리첼리가 자신의 증명을 훔쳤다고 알렸다. 1647년에 토리첼리는 표절 논란을 알게 되고 얼마 후 죽었다. 토리첼리가 불명예스럽고 수치스러운 일로 고발을 당할 것을 느껴, 수치심에 의해서 죽음에 이르게 됐다는 소문이 퍼지기 시작하였다. 사실은 그가 장티푸스에 의해서 죽었고, 그는 이 일에 있어 매우 독창적인 생각을 시도하기 위해서 매우 구체적으로 시도를 하였다는 것이다. 이에 토리첼리 또한 로베르발과 함께 사이클로이드의 구적을 동시에 독자적으로 구하였다고 수학사에 기록되었다.

90 Appendix

*dum semicirculi c f d. Ergo arcuarum : g c f d quadruplum
circuli [ilius]semicirculi, propterea eius[dem] arcum a b c f d (per lem-
ma praecedens) duplum eius[dem] semicirculi, & componendo spatium
a b c d triplum circu[li ip]sius semicirculi c f d.*

THEOREMA III.

*Omne spatium cycloi-
dale triplum est circuli
gene[ra]toris.*

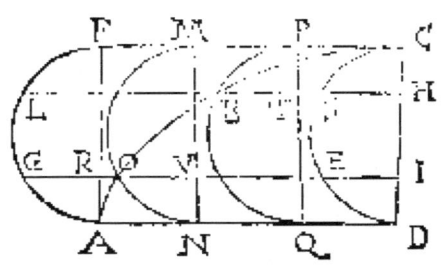

*Esto cycloidalis linea
a b c descripta a puncto
c semicirculi c e d. Di-
co spatium a b c d trip-
lum esse semicirc. c e d.*

*Compleatur rectangulum a f c d : fiat[q]; semicirculo a g f, ac-
cipiantur duo puncta h, & i in diametro c d eque remota a cen-
tro, & ducantur h l, i g aquidistantes ad a d. que cycloidem
secent in quibus[uis] punctis b, & o. Agantur denique per b,
& o duo semicirculi p b q, m o n, ut in praecedentibus factum
est.*

*Iam recta g o, aequalis est rectae r u (cum aquales sint g r, o
u, & communis r o) siue aqualis est rectae a r, nempe arcus on
vel cycloidem, vel arcus p b, siue rectae p c, vel t h, vel b l.*

*Eadem prorsus modo, quo demonstrauimus rectam g o aqua-
lem esse rectae b f, demonstrantur omnes & singule lineae tri-
linei a b f c aequales omnibus lineis trilinei a b c d. Trepte
ve a ducta et linea inter se aequalia erunt. Ergo ut in praeceden-
ti Theoremate demonstrabitur cycloidale spatium triplum esse
semicirculi c e d. Quod erat &c.*

FINIS.

그림 7.1. 토리첼리의 사이클로이드 출판 논문

7.2. 토리첼리 구적

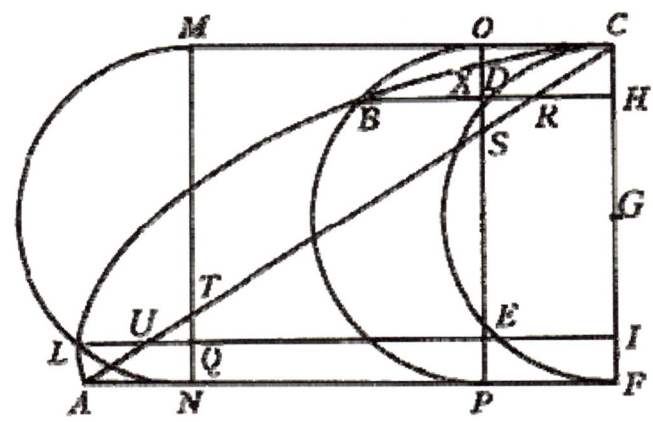

그림 7.2. 토리첼리 구적

토리첼리(Torricelli)가 구한 사이클로이드 구적은 로베르발이 사용한 '카발리에리의 원리'를 이용한 것이다. 머 같은 원리를 사용하였으니 로베르발이 노발대발 할만하다. 그러나 약간의 차이가 있다. 해석상의 차이라고 할까? 로베르발은 사이클로이드를 조금 다르게 해석을 하여서 만들었는데, 토리첼리는 사이클로이드를 원의 원주 위의 한 점을 굴려서 생기는 정의를 그대로 사용하였다.

[그림 7.2.]을 보자. 사이클로이드 ABC와 수평선 AF 위를 원이 굴러갔을 때, 반원 $CDEF$의 꼭짓점을 C라 하고 하자. 그러면 $ABCF$의 면적은 $CDEF$의 면적의 3배 또는 삼각형 ACF의 면적과 같음을 보이도록 하자.

원의 지름 CF 위에 원의 중심 G로부터 거리가 같게 H와 I를 잡는다. 선분 AF에 평행하게 HB, IL과 CM을 그린다. [그림 7.2.]과 같이 반원 OBP와 반원 MLN을 그린다. 점 P와 N은 수직선 위의 점이고 반원 CDF를 점 B와 L까지 평행이동 시켜 그린다. 그러면 선분 HD, IE, XB 그리고 QL이 길이가 모두 같다. 즉,

$$\overline{HD} = \overline{IE} = \overline{XB} = \overline{QL} \tag{7.1}$$

이다.

마찬가지로 호 OB와 호 LN도 같다. 따라서
$$\widehat{OB} = \widehat{LN} \tag{7.2}$$
이다.

선분 CH와 IF의 길이가
$$\overline{CH} = \overline{IF} \tag{7.3}$$
이므로 선분 CR과 선분 UA의 길이가
$$\overline{CR} = \overline{UA} \tag{7.4}$$
이다. 또한 전체적으로 사이클로이드 정의에 의해서도 원 MLN도 같은 방법으로 호 LN과 선분 AN의 길이가
$$\widehat{LN} = \overline{AN}$$
이다. 같은 이유에서 호 LM과 선분 AP의 길이가
$$\widehat{LM} = \overline{AP}$$
이고, 호 BO와 선분 PF의 길이가
$$\widehat{BO} = \overline{PF}$$
와 같으므로, 호 LM과 선분 NF의 길이가
$$\widehat{LM} = \overline{NF}$$
이다.

또한 선분 AN과 호 LN이 이동하면서 호 BO와 선분 PF가
$$\widehat{BO} = \overline{PF}$$
이므로 같으므로 선분 AT와 선분 SC의 길이는
$$\overline{AT} = \overline{SC}$$
이다. 우리는 선분 CR과 선분 AU의 길이도 같은 방법으로 역시
$$\overline{CR} = \overline{AU}$$
이다.

이제 선분 UT와 선분 SR이 같음을 보이도록 하자. 삼각형 UTQ와 삼각형 RSX가 서로 합동이어서 선분 UQ와 선분 XR의 길이가
$$\overline{UQ} = \overline{XR}$$

이다. 또한 이와 함께 선분 LU와 선분 BR의 합이 선분 LQ와 선분 BX의 합과 같고 또한 선분 EI와 DH의 합과 같다. 즉,

$$\overline{LU} + \overline{BR} = \overline{LQ} + \overline{BX} = \overline{EI} + \overline{DH} \tag{7.5}$$

이다. 그러므로 점 H와 I가 원의 지름 위를 원의 중심까지 움직이면 도형 $ALBCA$의 면적은 반원의 면적과 같으므로

$$(\text{도형 } ALBCA \text{의 면적}) = \frac{1}{2}\pi r^2 \tag{7.6}$$

이고, 삼각형 AFC의 면적이

$$(\text{삼각형 } AFC \text{의 면적}) = \frac{1}{2}\pi r \times 2r = \pi r^2 \tag{7.7}$$

이므로 $ALBCF$의 면적은 식 (7.6)과 식 (7.7)에 의해서

$$(ALBCF \text{의 면적}) = \frac{3}{2}\pi r^2 \tag{7.8}$$

이다. 따라서 전체적인 사이클로이드와 수평선 사이의 면적은 $3\pi r^2$으로 원의 면적의 3배이다.

로베르발과의 증명과 거의 흡사하다는 것을 알 수 있다. 단지 로베르발은 사이클로이드의 정의를 새롭게 하였고, 토리첼리는 원을 굴려서 사이클로이드를 정의한 것을 그래도 사용하였다는 점에서 차이가 있을 뿐이다. 전체 맥락에서 보면 증명은 같다고 볼 수 있다. 그래서 로베르발이 노발대발 하였을 법도 하다.

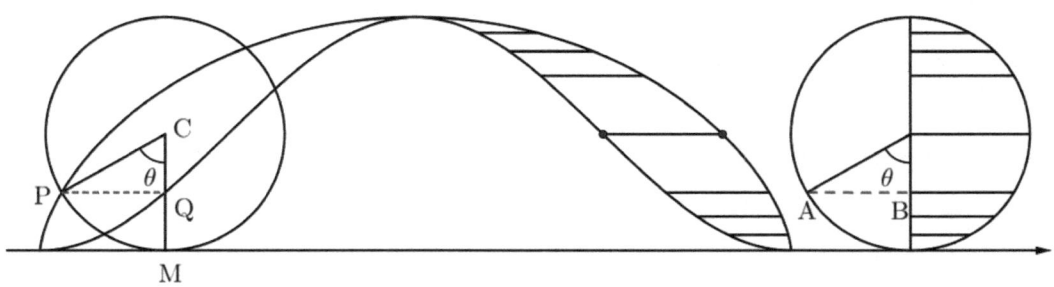

그림 7.3. 토리첼리 구적 아이디어

8장 파스칼

8.1. 파스칼의 치통을 잊게한 곡선

파스칼(Pascal)은 어렸을 적의 수학적 재능을 발견한 후, 신학으로 그의 관심을 바꾸었고, 수학을 연구하는 것을 자신만만한 일인 것처럼 비난하였다. 그런데 어느 날 밤에 치통으로 잠을 이루지 못하였을 때, 사이클로이드에 관하여 연구하기 시작하였고, 놀랍게도 그의 치통이 멈추게?, 잊게 되었다. 이 일로 인해 파스칼은 하나님께서 수학 연구를 계속 하라고 하는 징조로 받아들였고, 다음 8일 동안 사이클로이드 곡선에 대한 연구를 하였다. 이 기간 동안에 그는 사이클로이드의 거의 모든 기하학적인 성질을 발견하였다. 그가 연구하여 얻은 결과를 1658년에 수학 경시대회의 형태로 출판하였고, 첫 번째 문제에 스페인 금화 40개를, 두 번째와 세 번째 문제에 금화 20개를 상금을 걸었다. 이 문제를 보도록 하자.

1. 수직선과 사이클로이드 곡선으로 둘러싸인 면적과 무게중심을 찾으시오.
2. 위에서 말한 영역을 수직선과 수직 경계선으로 회전시켰을 때에 각각의 부피와 무게중심을 찾으시오.
3. 위의 두 문제에서 생긴 회전체 도형을 회전축에 평행한 평면으로 잘랐을 때의 각 각의 무게중심을 찾으시오.

이의 문제에 왈리스와 Lalouvère(Antoine Lalouvère)가 이에 답을 내어 파스칼, 로베르발과 Carcavy(Senator Carcavy)가 판단을 하였으나 답이 부족한 부분도 있었고 아예 답을 내지 못한 것도 있어서 수상자를 내지 못하였다. 영국 수학자 왈리스(John Wallis)가 이 문제에 대하여 해법(무게 중심을 찾는 문제에 대한 답은 내지 못하였다.)을 제시를 하였으나 그의 해법에 약간의 실수가 있어 이를 다시 올바르게 고쳐서 논문으로 출판하였다. 파스칼은 그의 해법을 *"History of the Cycloid"*의 소론을 통해서 출판하였다. 이 책에서 토리첼리와 로베르발의 논쟁에서 로베르발의 측면에서 다룬 이후로 이탈리아 사람들에게 커다란 논쟁거리의 빌미를 제공하였다. 또한 이 책에 자신의 결론에 "L'Histoire de la Roulette"

라는 제목으로 출간하였다.

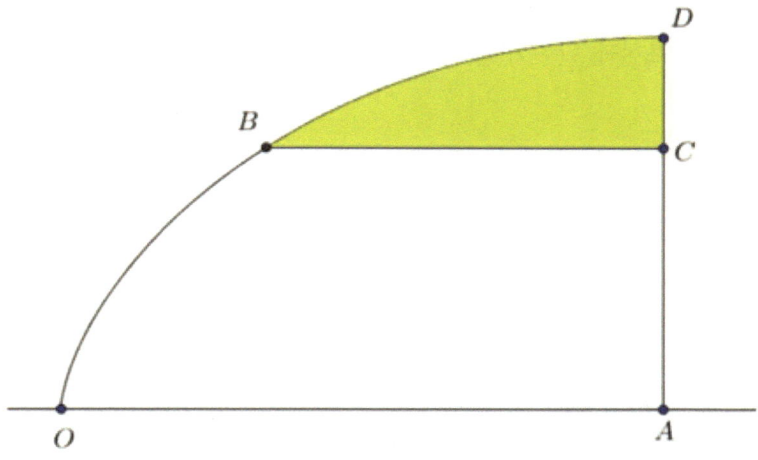

그림 8.1. 파스칼 수학 경시 대회 문제

9장 렌

9.1. 사이클로이드 호의 길이

    1650년대 까지 곡선에 호의 길이를 직선과 같은 직선의 길이를 구하는 구장의 문제는 많은 사람들이 해결할 수 없을 것 같다고 생각하였다. 실제 데카르트는 그의 책 기하학 2번째 책에서 곡선과 직선 사이의 관계는 언제나 항상 가능하지 않거나, 알려져 있지 않다고 서술하였다. 이것 곡선의 길이를 선분 길이의 유리수의 곱 처럼 나타내는 것은 가능하지 않다는 의미이다. 파스칼 경시 대회가 나올 시기에 렌(Sir Chirstopher Wren)은 영국의 유명한 건축가였다. 렌은 파스칼에게 반지름이 r인 원으로 만들어진 사이클로이드의 곡선의 길이가 정확히 원의 반지름의 8배임을 편지로 알렸다. 워렌 자신이 발견을 하였지만 증명이 포함되지는 않았다. 이 결론은 파스칼이 처음 듣는 이야기였지만, 로베르발은 몇 년 후에 증명을 하였다고 하였다. 왈리스(Wallis)는 그의 논문에서 사이클로이드의 곡선의 길이를 무한급수를 이용한 렌의 증명을 출판하였다. 왈리스의 무하급수 표현의 곡선 길이를 검색을 통해서 찾을 수가 없어 애석하게 이곳에 적지를 못하였다. 추측컨데 20장에서 보인 사이클로이드 곡선의 급수 표현과 관련이 있을 것으로 추측된다.

9.2. 사이클로이드 호의 길이

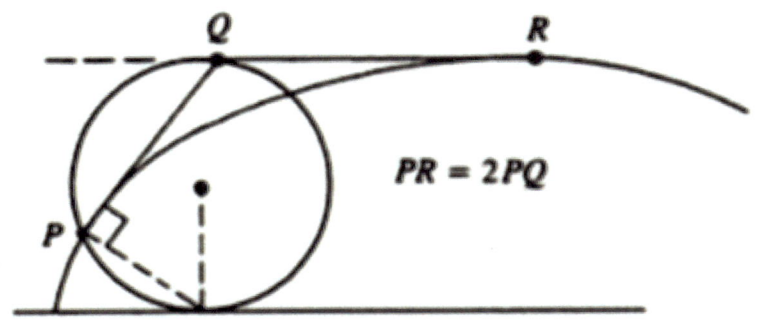

그림 9.1. 렌의 호의 길이의 기하학적 증명 아이디어

[그림 9.1.]에서 보면 워렌의 아이디어로 우선 기하학적 증명을 먼저하여 보도록 하자. 사실 이 증명 방법은 신계선과 관련이 있다. 신계선의 정의를 사용하지는 않았지만 기하적으로 이를 증명을 한 것 같다.

우선 [그림 9.2.]를 보도록 하자. 두 개의 원을 하나의 원 위에 올려놓고, 수평선 위의 점 M과 수평선과 평행하고 점 M 위에 있는 직선 위의 점 N에서 원을 같은 속도로 굴리도록 하자. 수평선 위의 점 M에서 출발한 원은 원의 아래 점으로 움직이고, 수평선에 평행한 직선 위에 있는 점 N에서 출발한 원은 원의 맨 위의 점에서 사이클로이드의 일부를 그리도록 하자. 그러면 선분 AB가 점 A에서 접선이 된다. (이것은 데카르트가 먼저 증명을 하였다.) 또한 선분 AB를 점 O가 이등분한다. 그러므로 선분 OA의 길이는 선분 AB의 길이의 절반으로 즉,

$$\overline{OA} = \frac{1}{2}\overline{AB} \tag{9.1}$$

이다. 점 O에 대하여 두 원이 서로 대칭이다. 또한 선분 AB는 호 AN을 두를 수 있다. 이것은 호 AN의 길이는 선분 AB의 길이와 같다는 의미로

$$\widehat{AN} = \overline{AB} \tag{9.2}$$

이다. 그러므로 호 CN의 길이는 선분 CD의 길이와 같으므로

$$\widehat{CN} = \overline{CD} \tag{9.3}$$

이다. 식 (9.3)의 의미는 사이클로이드 호의 길이의 절반이 원의 반지름의 4배이다. 그러므로 전체 사이클로이드의 길이는 호 CN의 두 배이므로 전체적으로는 원의 반지름의 8배가 된다. 즉,

$$(\text{사이클로이드 호의 길이}) = 2\widehat{CN} = 2 \times 4r = 8r$$

이다. (단, r은 사이클로이드를 만드는 원의 반지름)

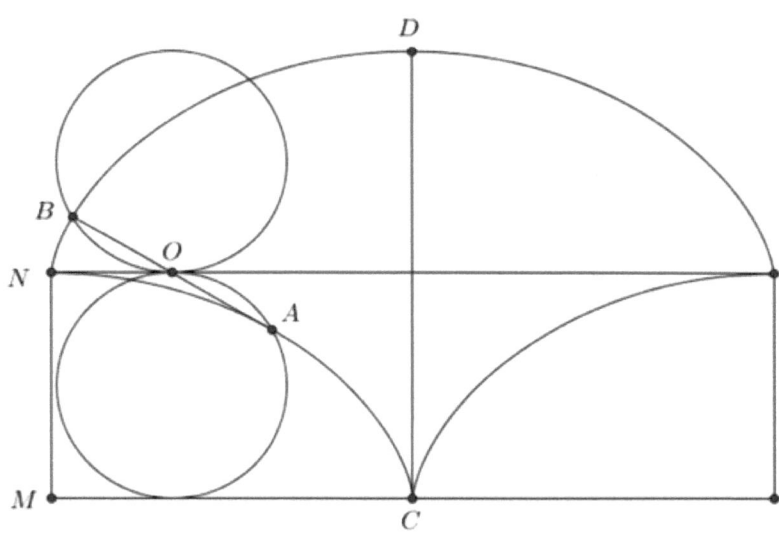

그림 9.2. 호 길이 기하학적 증명

PART 02

미적분을 이용한 연구

CYCLOID

10장 미적분학을 이용한 접선 설명

이번 장에서 부터 몇 장에서는 미분을 이용한 접선에 대한 수학자들의 노력에 대하여 이야기를 하자. 역시 많은 수학자들이 미분을 이용하여 접선에 대한 해석을 내어 놓았다. 현대적 표현의 미분은 아니지만 이 시대의 미분은 기하학적으로 미분을 표현하였고, 이를 이용하여 접선을 설명하였다. 그림은 원 수학자들의 논문에서 발췌를 하였으며 논문을 바탕으로 설명을 하려고 한다.

10.1. 요한 베르누이 접선 설명

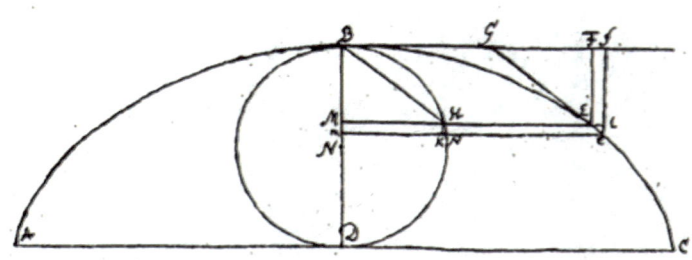

그림 10.1. 요한 베르누이의 사이클로이드 접선 설명

요한 베르누이는 자신의 논문 *Lectiones de calculo differentialium*의 문제 4에서 사이클로이드 접선에 대해 다루고 있다.

[그림 10.1.]에서 처럼 $x = BF$, $y = BM$, $f = EH = \widehat{HB}$ 이다. (단, x와 y는 서로 수직이고, 직선 EM은 직선 AC에 평행하다.) 그러면, 원의 반지름은 $BN = a$이고 $HM = \sqrt{2ay - y^2}$ 이므로 사이클로이드의 성질에 의해서

$$x = EH + HM = f + \sqrt{2ay - y^2} \tag{10.1}$$

$$dx = df + \frac{2ady - 2ydy}{2\sqrt{2ay - y^2}} = df + \frac{a - y}{\sqrt{2ay - y^2}} dy \tag{10.2}$$

이다. 무한이 많은 빗변을 갖는 다각형처럼 사이클로이드 곡선을 나눈다. 그 하나인 삼각형 *HKN*은 직각삼각형이다. 그러면,

$$df = NH = \sqrt{HK^2 + KN^2} = \frac{ady}{\sqrt{2ay-y^2}}, \ dx = \frac{2ady-ydy}{\sqrt{2ay-y^2}} \tag{10.3}$$

이다. 식(10.3)을 미분방정식으로 나타내면,

$$\frac{dy}{dx} = \frac{y}{s} \tag{10.4}$$

$$s = \frac{2ay-y^2}{\sqrt{2ay-y^2}} = \sqrt{2ay-y^2} = HM \tag{10.5}$$

이다. 따라서 $\frac{BM}{HM}$은 직선 *BH*의 기울기이고, 직선 *EG*가 직선 *BH*의 기울기와 같아 직선 *EG*가 접선이 된다.

10.2. 로피탈의 접선 설명

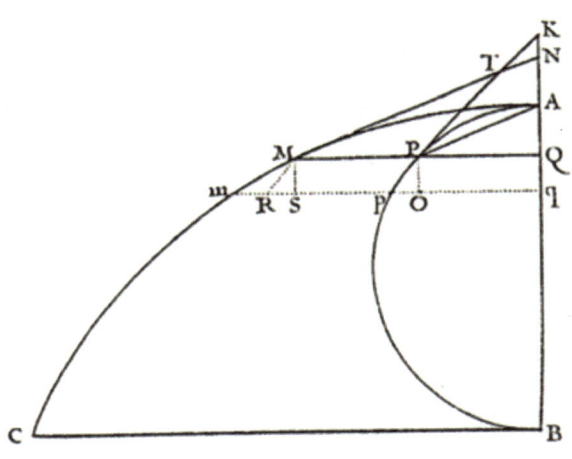

그림 10.2. 로피탈의 접선 설명

"*Analyse des infiniment petits*"의 2장은 Usage du calcul des différences pour trouver les tangentes sortes de lignes courbes에 대하여 서술하고 있다. 로피탈 L'hospital은

성질 II에서 접선에 대한 일반적인 결론을 서술하였다.

사이클로이드의 접선 MT를 구하기 위해서, 로피탈은 가로 좌표 $x = AP$, 또한 무한 세로 좌표의 닫힌구간 선분 pm과 함께 세로 좌표 $y = PM$을 잡았다. [그림 10.2.] 점 M으로 부터 접선 PT(일반적인 곡선의 접선)에 평행인 선분 MR을 작도 한다. 그러면,

$$MR = Pp = dx, \ Rm = dy \tag{10.6}$$

이다. 삼각형 mRM과 삼각형 MPT가 닮음으로부터

$$\frac{dy}{dx} = \frac{MP}{PT}, \ PT = y\frac{dy}{dx} \tag{10.7}$$

이다. 로피탈은 일반적인 경우를 이용하여 사이클로이드의 접선을 계산하였다. 곡선 APB는 원일 때, x와 y의 부분의 관계를 설명하였다. 이는 사이클로이드 방정식으로 부터 구하였다. 즉,

$$x = \frac{a}{b}y \tag{10.8}$$

임을 보였다. 로피탈은 사이클로이드 곡선에서 일반적인 경우를 확인하였고, 다른 표현으로

$$dx = \frac{a}{b}dy, \ PT = \frac{a}{b}y = x \tag{10.9}$$

얻었다. 로피탈은 사이클로이드를 좌표로 변환해서 그의 주장을 펼치지 않았을까? 1692년과 1695년 사이에 요한 베르누이와 로피탈은 확실히 편지를 주고 받았다. 추상적인 곡선에서 일반적인 곡선을 다루는 생각은 이 문제에 대한 뉴톤의 해를 상기하게 한다. 로피탈은 1736년까지 출판되지 않았지만 아이작 뉴톤에 의해서 1671년에 작성된 "*Methodus Fluxionum*"에 있는 방법과 같다는 것임을 알았다. 로피탈의 책의 구조가 뉴톤의 책의 구조와 같고 심지어 뉴톤의 책에 있는 첫번째 두 곡선의 일반적인 성질을 다루고, 어떤 특별한 곡선을 다루고, 다음 장에 사이클로이드이 접선을 다룬 것 까지 같다. 로피탈은 조금은 남의 것을 자신의 것으로 만드는 능력이 있는 듯하다. 수학사적으로도 이와 같은 일화가 하나 더 있다. 교과서에서 나오는 로피탈 정리는 실제로는 요한 베르누이가 발견한 정리이다. 요한 베르누이가 로피탈에게 가르쳐주었고, 로피탈은 자신의 이름으로 발표를 해도 좋다는 계약을 맺었고, 1696년 자신의 저서 "*Analyse des Infiniment Petits pour l'Intelligence des Lignes Courbes*"에서 '로피탈 정리'로 소개하였다. 그래서 지금까지 '베르누이 정리'가 아닌 '로피탈 정리'로 지금까지 내려오고 있다.

10.3. 뉴턴의 접선 설명

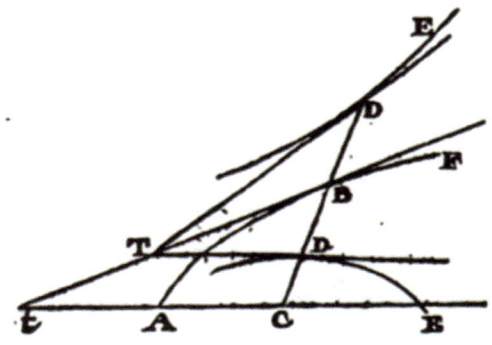

그림 10.3. 뉴턴의 접선 설명

곡선의 접선을 그리는 뉴턴의 "*Methodus Fluxionum*"의 19번째 방법은 문제 4에 포함되어 있다. 뉴턴은 곡선의 접선을 발견하기 위해서 또 다른 곡선에 의해서 일반화된 방법을 소개하고 있다. 뉴턴은 미분계수라는 단어를 Fluxion으로 소개하고 있다. [그림 10.3.] 을 보자. 주어진 곡선 *ABF*에 대하여, 직선 *Bt*가 접하고 있다. 그리고 선분 *BD*는 선분 *BC*의 일부이고, 선분 *BC*는 기준이 되는 직선 *AC*에 일정한 각에 의해서 생성되는 좌표라고 하자. 또한 직선 *BC*는 곡선 *DE*와 점 *D*에서 교점을 갖는다고 하자. 선분 *BD*는 곡선 *AC*의 길이의 관계식으로 나타내어진다. 선분 *BD*와 선분 *BT*의 비율에 의해서 접선 *DT*를 작도할 수 있다. 여기서 관계식은 곡선 *DE*를 사이클로이드 곡선으로 *ABF*를 원이라 하자. 또한 $x = AB$, $t = BD$이고,

$$\frac{a}{b}x = y \tag{10.10}$$

의 관계식을 갖는다고 하자. 그러면, 뉴턴의 Fluxion의 개념 즉 미분계수 개념에 의해서

$$\frac{a}{b}\dot{x} = \dot{y} \tag{10.11}$$

$$a : b = BD : BT \tag{10.12}$$

이다. 직선 *BT*를 x축으로 생각하면 쉽게 이해를 할 것이다.

10.4. 바로우의 접선 설명

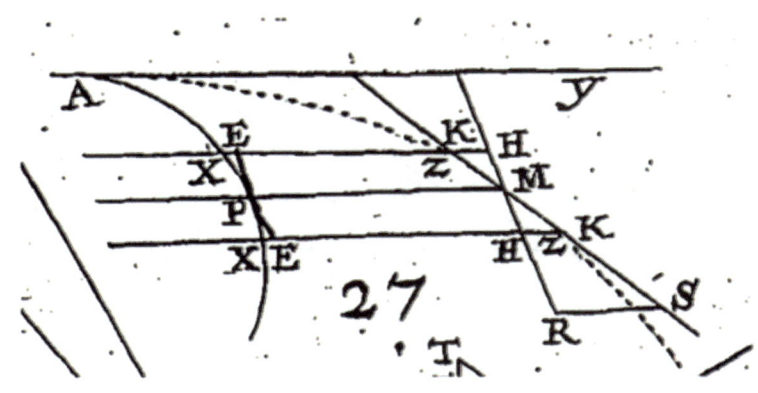

그림 10.4. 바로우의 접선 설명

바로우(Barrow)는 "*Further propertyes of curves. Curves like cycloid. Normals. Maximum and minumum*"의 V장에서 접선 작도에 대한 문제의 해를 설명하고 있다.

수평선인 직선 AY는 평행하게 균일하게 움직여서 같은 크기로 오목하거나 볼록하게 어떤 곡선을 가로지른다. 동시에 어떤 점을 움직이는데 점 A로 부터 선분 AY를 따라 균일하게 움직인다. 이 방법에 의해서 움직이면, 점 M에서 접선을 그리고자 하는 곡선 AMZ를 그릴 수 있다. 이렇게 하면, 곡선 APX위의 점 P에서 교점을 갖고, 직선 AY에 평행한 직선 MP를 그린다. 점 P를 지나고 곡선 APX에 접하는 직선 PE를 그리자. 점 M을 지나고, 직선 PE에 평행한 직선 MH를 그리자. 직선을 균일하게 움직였으므로 선분 RS를 달리 표현을 하면,

$$MR : RS = \widehat{AP} : PM \tag{10.13}$$

을 만족하도록 직선 MS를 그리자. 그러면 직선 MS가 곡선 AMZ의 접선이 된다.

11장 갈릴레이 하강곡선 연구

11.1. 갈릴레이의 최단하강곡선문제 제시

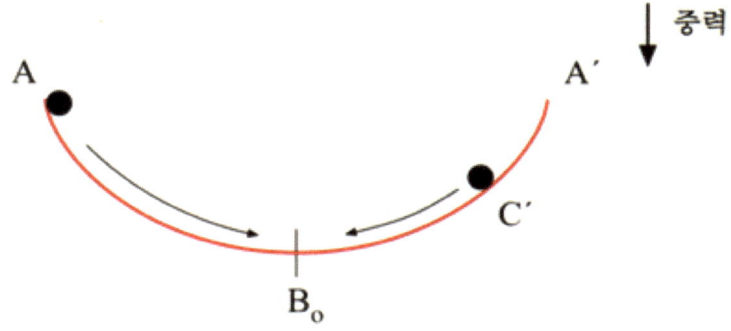

그림 11.1. 중력이 작용하고 마찰력이 없는 곡선

갈릴레오는 점 A에서 점 B_0까지 무게를 갖는 공을 마찰이 없이 자유로이 아래로 가장 짧은 시간에 굴러가는 최상의 곡선에 대한 질문을 하고 있었다.

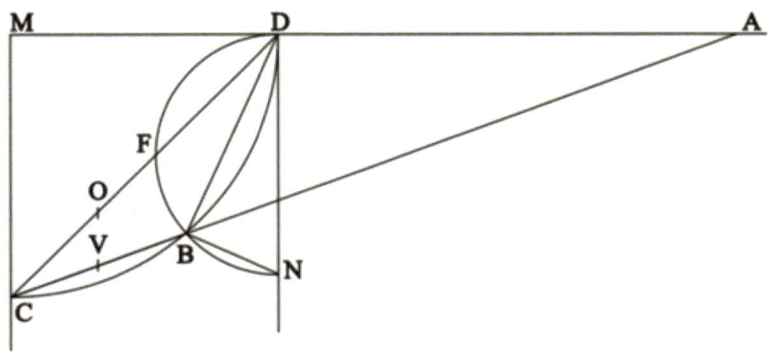

그림 11.2. Discorsi, p. 230, "Theor. XXII. Propos. XXXVI.

갈릴레오는 Discorsi, p. 230, 'Theor. XXII. Propos. XXXVI'에서 원의 4분의 1이라 가정하고 최단 시간에 내려오는 하강 곡선을 발견하려고 시도하였다. 그는 유명한 자유낙하 법칙과 A에서 점 B까지 미끄러지듯 직선으로 굴러가는 것이 가장 짧은 시간에 도착을 하지 않는 다는 것도 알고 있었다. 또한 위의 [그림 11.2.] 처럼 가정한 4분의 1원에 마디점(nodal point)에 직선을 몇 개 그어 시도를 하였다. 이제 갈릴레오의 최단하강곡선에 대한 주장을 살펴 보도록 하자.

11.2. 갈릴레이의 최단하강곡선에 대한 주장

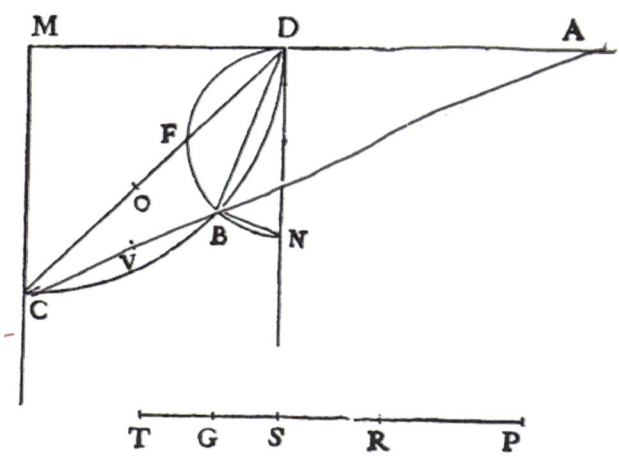

그림 11.3. Galileis Discorsi, S. 230 이론. XXII. Prop. XXXVI.

[그림 11.3.]과 같이 직선 MDA는 평행선이고, 직선 MC와 MD는 수직이며 선분 MC와 MD를 반지름으로 하는 사분원을 그리자. 선분 DC를 그리고 선분 DC의 양 끝 점을 사분원 위의 점 B로 하는 선분 DB와 BC를 그리자. 직선 DN이 직선 MC와 평행(평행선 MDA와는 수직)한 직선과 선분 DB와 수직이고 점 B를 지나는 직선과의 교점을 점 N이 되게 작도를 하자. 그러면 선분 DN으로 하고 반원은 점 B를 지난다. 또한 반원과 선분 DC와의 교점을 점 F라고 하자. 선분 CB를 연장하여 평행선 MDA와 교점을 점 A

라고 하자.

그리고 점 O와 V를
$$DO = \sqrt{DF \cdot DC}, \quad AV = \sqrt{AB \cdot AC}$$
가 정의 되도록 하자.

그러면 떨어지는 낙하 시간이
$$t(DC) = t(BC)$$
으로 같다. 그러므로 시간 축을 만들어 그 시간을
$$PS \approx t(DC) = t(BC) = t \tag{11.1}$$
라고 하자. 또한
$$PR : PS = DO : DC = \sqrt{DF} : \sqrt{DC}$$
를 만족하도록 점 R을 잡자. 갈릴레이가 발견한 시간과 높이 사이의 관계인 시간은 높이의 제곱근에 비례한다. 그러므로 상수 c에 대하여
$$t(DC) = c\sqrt{DC} = t', \quad t(DF) = c\sqrt{DF} = t'' \text{ 그리고 } t' + t'' = t \tag{11.2}$$
이다. 기하학적인 정리에 의해서
$$DC = \sqrt{AC \cdot BC}$$
이다. 그러므로
$$PS : PT = BC : DC = \sqrt{BC} : \sqrt{AC}$$
이고 이것을 식 (11.1)에 대입을 하면,
$$PT \approx t(AC) \tag{11.3}$$
을 유도할 수 있다. 따라서
$$PT : PG = AC : AV = \sqrt{AC} : \sqrt{AB}$$
이고 식 (11.3)과 같이 나타내면
$$PG \approx t(AB), \quad GT \approx t(BC, A) \tag{11.4}$$
이다. 점 D가 평행선 MDA 위에 있기 때문에
$$t' = t(DF) = t(DB) = t_1 \tag{11.5}$$
이다. 그리고 선분 AB를 따라서 점 B까지 시간과 점 D에서 선분 BC까지 가는 시간이 같고 이 시간을

$$GT \approx t(BC, A) = t(BC, D) = t_2 \tag{11.6}$$

으로 정의하자. 그러면

$$PR : PS = DO : DC, \ PS : PT = BC : DC, \ PT : PG = AC : AV$$

이고

$$RS : PS = OC : DC, \ PS : PT = DC : AC, \ PT : GT = AC : VC$$

이다. 이를 합쳐서 분수형태로 나타내면,

$$\frac{RS}{GT} = \frac{OC}{VC} \tag{11.7}$$

이다.

$FC > BC$, $DC < AC$ 그리고 $DF < AB$ 이어서

$$\frac{DC}{DF} = 1 + \frac{FC}{DF} > 1 + \frac{BC}{AB} = \frac{AC}{AB} \tag{11.8}$$

이다.

$AC = a$, $AB = ka$ $(0 < k < 1)$이라고 놓으면,

$$AV = a\sqrt{k} > ak = AB$$
$$VC = AC - AV = a(1 - \sqrt{k})$$
$$BV = AV - AB = a\sqrt{k}(1 - \sqrt{k})$$

이다. 따라서

$$\frac{VC^2}{BV^2} = \frac{AC}{AB}$$

(11.9a)

이다. 같은 방법으로 계산을 하면,

$$\frac{OC^2}{FO^2} = \frac{DC}{DF}$$

(11.9b)

이다. 식 (11.9a) 와 (11.9b)를 식 (11.8)에 대입을 하면, $FC > BC$이므로

$$\frac{OC}{FO} > \frac{VC}{BV}$$

이고

$$OC > VC \tag{11.10}$$

을 얻을 수 있다. 그리고 식 (11.2), (11.6), (11.7)과 (11.10)에서

$$t'' > t_2$$

임을 유도할 수 있고, 식 (11.2)와 식 (11.5)로 부터 갈릴레이의 주장인

$$t_1 + t_2 < t \tag{11.11}$$

를 유도할 수 있다.

11.3. 갈릴레이의 최단하강곡선에 대한 주장의 해석학적 증명

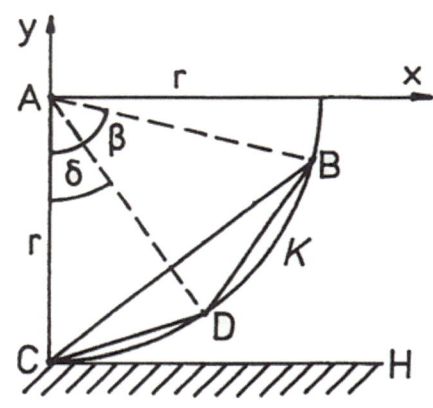

그림 11.4. Galileis Theorem XXII 증명

[그림 11.4.]에서 처럼 점 A가 원점이고 지평선으로 부터 r만큼 떨어져 있다. 직선 CH는 평평한 지평선이고 점 A로부터 지평선과 평행하게 x축을 잡는다. 점 C에서 지평선에 수직이고 점 A를 지나는 직선을 y축으로 잡는다. 그리고 점 A를 중심으로 반지름이 r인 사분원 K를 그리자. 사분원 K 위에 점 B, C, D를 잡는다. 호 BC, 호 BD 그리고 호 DC의 각 호에 대한 중심각을

$$\alpha(BC) = \frac{1}{2}\beta = \alpha, \ \alpha(BD) = \frac{1}{2}(\beta + \delta) = \alpha_1, \ \alpha(DC) = \frac{1}{2}\delta = \alpha_2 \tag{11.12}$$

이라 하자. 그러면,
$$\alpha_1 = \alpha + \alpha_2 \tag{11.13}$$
이다. (단, $0 < \delta < \beta \leq \dfrac{\pi}{2}$, $0 < \alpha_2 < \alpha < \alpha_1 < \dfrac{\pi}{2}$)

호 BC와 호 BD 그리고 호 DC에서 점 B에서 출발하여 떨어지는 자유낙하 운동을 한다고 가정하자.

그러면, 호 BC를 따라 떨어지는 시간을 구하여 보자. 중력 상수 g에 대하여
$$2r\sin\alpha = \frac{1}{2}g\sin\alpha \cdot t^2 \quad \left(0 < \alpha \leq \frac{\pi}{2}\right)$$
이어서 위의 식을 시간에 대하여 풀면
$$t = t(BC) = 2\sqrt{\frac{r}{g}} \tag{11.14}$$
이다. 현 BD는 식(11.12)와 (11.13)에 의해서
$$BD = 2r\sin(\alpha - \alpha_2) = \frac{1}{2}g\sin(\alpha + \alpha_2) \cdot t^2$$
이다. 이것들 시간에 대하여 풀면,
$$t(BD) = t_1 = 2g\sqrt{\frac{r}{g}}\sqrt{\frac{\sin(\alpha - \alpha_2)}{\sin(\alpha + \alpha_2)}} \tag{11.15}$$
를 얻는다. 밀도가 일정한 물체가 굴러서 점 D까지 도달하는 속도 v_1은
$$v_1 = g\sin(\alpha + \alpha_2)t_1 = 2\sqrt{gr\left(\sin^2\alpha - \sin^2\alpha_2\right)} \tag{11.16}$$
이다. 현 DC에서 굴러가는 시간을 구하려면,
$$DC = 2r\sin\alpha_2 = v_1 t_2 + \frac{1}{2}g\sin\alpha_2 \cdot t_2^2 \tag{11.16a}$$
이고, 시간 t_2는
$$t_2 = t(DC, B) = 2\sqrt{\frac{r}{g}} \cdot \frac{\sin\alpha - \sqrt{\sin^2\alpha - \sin^2\alpha_2}}{\sin\alpha_2} \tag{11.17}$$
이다.

이제 식 (11)을 부정하여

$$t_1 + t_2 \geq t \qquad (11.18)$$

이라고 가정하자.

그러면, 식 (14), (15) 그리고 (17)에 의해서 $0 < \alpha_2 < \alpha \leq \frac{\pi}{4}$ 이므로

$$\sin \alpha_2 \cdot (\sin \alpha + \sin \alpha_2) \leq 2\sin(\alpha + \alpha_2)[\sin \alpha + \sin \alpha_2 - \sin(\alpha + \alpha_2)]$$

가 성립한다.

이때 $\alpha_2 = x \left(0 < x < \alpha \leq \frac{\pi}{4}\right)$ 이라고 놓으면, 절대부등식의 성질에 의하여

$$\cos \frac{\alpha}{2} + \cos\left(x - \frac{\alpha}{2}\right) \leq 4\sin \frac{\alpha}{2} \sin(x + \alpha)$$

를 만족한다. 정의역 $0 < x < \alpha \leq \frac{\pi}{4}$ 에 대하여

$$f_1(x) = \cos \frac{\alpha}{2} + \cos\left(x - \frac{\alpha}{2}\right) > 2\cos \frac{\alpha}{2} \qquad (11.19)$$

이고, 같은 방법으로

$$f_2(x) = 4\sin \frac{\alpha}{2} \sin(x + \alpha) \leq 4\sin \frac{\alpha}{2} \sin 2\alpha = 2\cos \frac{\alpha}{2} \cdot 4(\cos \alpha - \cos^2 \alpha)$$

이다. 또한,

$$\frac{d}{d\alpha}(\cos \alpha - \cos^2 \alpha) = \sin \alpha (2\cos \alpha - 1) > 0 \quad \left(0 < \alpha \leq \frac{\pi}{4}\right)$$

$$4(\cos \alpha - \cos^2 \alpha) \leq 2\sqrt{2} - 2 < 1$$

이다. 따라서 정의역 $0 < x < \alpha \leq \frac{\pi}{4}$ 일 때,

$$f_2(x) < 2\cos \frac{\alpha}{2} \qquad (11.20)$$

이다. 식 (11.20)은 식 (11.19)에 의해서 유도 되었고, 이는 식 (11.18)을 가정한 것인데 이는 오류가 있다. 그러므로 갈릴레이의 주장인

$$t_1 + t_2 < t$$

가 참임을 해석학적으로 증명을 하였다.

11.4. 갈릴레이의 최단하강곡선에 대한 주장의 확장

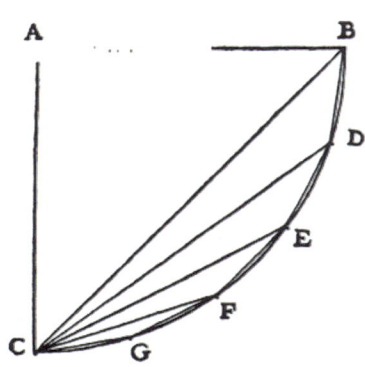

그림 11.5. Galileis Discorsi, S.232. Theroem
XXII 확장

갈릴레이의 주장을 확장하여 보자. 갈릴레이는 'Galileis Discorsi, S.232. Theroem XXI'I에 의해서

$$r(BDC) < t(BC)$$

임을 알았다. 그는 이런한 점을 확장하여 점 B에서 출발하여 DEC를 따라서 하강하는 시간이 현 DC를 따라 가는 시간보다 더 적게 걸린다는 것을 착안하여서 점을 계속해서 늘려 잡아

$$t(BC) > t(BDC) > t(BDEC) > t(BDEFC) > t(BDEFGC) \tag{11.21}$$

임을 생각하였다. 사분원에 점 $B_1, B_2, B_3, \cdots, B_{n-1}$를 잡고, B_kB_{k+1}를 정의하고, $k=0, 1, 2, 3, \cdots, n-2$까지 변하게 하고, $B_0 = B$이라고 하자. 또한 점 B에서 출발하여 현 $B_kB_{k+1}C$를 따라 가는 경로와 현 B_kC를 따라가는 경로를 생각하자. 수직선을 직선 AB를 기준으로 각을 정의하면,

$$\alpha^k = \alpha(B_kC) = \frac{\pi}{4} - \frac{k\pi}{4n} = \frac{(n-k)\pi}{4n}$$

$$\alpha_1^{(k)} = \alpha(B_kB_{k+1}) = \frac{\pi}{2} - \frac{(2k+1)\pi}{4n} = \frac{(2n-2k-1)\pi}{4n} \tag{11.22}$$

$$\alpha_2^{(k)} = \alpha(B_{k+1}C) = \frac{\pi}{4} - \frac{(k+1)\pi}{4n} = \frac{(n-k-1)\pi}{4n} = \alpha^{(k+1)}$$

이라고 정의 할 수 있다. $k \geq 1$일 때 점 B와 B_k의 고도차 h_k이라고 하고, 점 B_k의 속도 $v_0^{(k)}$를 구하면,

$$v_0^{(k)} = \sqrt{2gh_k} = \sqrt{2g \cdot 2r \cdot \sin\frac{k\pi}{4n} \cdot \sin\left(\frac{\pi}{2} - \frac{k\pi}{4n}\right)} = \sqrt{2gr \sin\frac{k\pi}{2n}} \qquad (11.23)$$

이다.

식 (11.16a)에 의해서

$$t^{(k)} = t(B_kC) = \frac{-v_0^k + \sqrt{(v_0^k)^2 + 2a^{(k)}l^{(k)}}}{a^{(k)}} \qquad (11.24)$$

이다. (단, $l^{(k)} = B_kC = 2r\sin\alpha^{(k)}$, $a^{(k)} = g\sin\alpha^{(k)}$)

식 (11.24)를 식 (11.23)을 대입을 하면,

$$t^{(k)} = \sqrt{\frac{2r}{g}} \cdot \frac{1 - \sqrt{\sin\frac{k\pi}{2n}}}{\sin\frac{(n-k)\pi}{4n}} \qquad (11.25)$$

이다. 식 (11.24)와 비슷하게 $t(B_kB_{k+1}) = t_1^{(k)}$과 $t(B_{k+1}C) = t_2^{(k)}$를 구하면,

$$t_1^{(k)} = \sqrt{\frac{2r}{g}} \cdot \frac{\sqrt{\sin\frac{(k+1)\pi}{2n}} - \sqrt{\sin\frac{k\pi}{2n}}}{\sin\frac{(2n-2k-1)\pi}{4n}} \qquad (11.26)$$

$$t_2^{(k)} = t^{(k+1)} = \sqrt{\frac{2r}{g}} \cdot \frac{1 - \sqrt{\sin\frac{(k+1)\pi}{2n}}}{\sin\frac{(n-k-1)\pi}{4n}} \qquad (11.27)$$

이다. 갈릴레이는 $n=5$일 때 식 (11.25), (11.26) 그리고 (11.27)을 계산하였는데 그 계산값은

$$t(BC) = 2\sqrt{\frac{r}{g}},$$

$$t(BDC) = 2\sqrt{\frac{r}{g}} \cdot (0.93224),$$

$$t(BDEC) = 2\sqrt{\frac{r}{g}} \cdot (0.92867),$$

$$t(BDEFC) = 2\sqrt{\frac{r}{g}} \cdot (0.92811),$$

$$t(BDEFGC) = 2\sqrt{\frac{r}{g}} \cdot (0.92805)$$

이다. 식 (11.21)을 $n=10$일 때 계산을 하면,

$$t(BB_1B_2B_3 \cdot B_9C) = 2\sqrt{\frac{r}{g}} \cdot (0.92721)$$

이다.

11.5. 갈릴레이의 사이클로이드 곡선의 해석

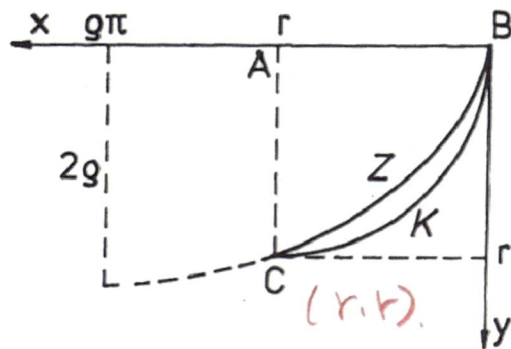

그림 11.6. 반지름이 r인 사분원보다 더 빨리 하강하는 곡선 Z

갈릴레이는 사이클로이드 곡선이 최단하강곡선임을 알지 못하였다. 그러나 실험적으로 사이클로이드 곡선이 사분원 곡선보다 하강 속도가 빠르다는 사실은 알고 있었다.

추의 진자 길이 $l=r$이라고 하고, 진폭 $\alpha=\dfrac{\pi}{2}$이라고 하자. 그러면,

$$t = \frac{T}{4}\sqrt{\frac{r}{g}}\int_0^{\pi/2}\frac{d\varphi}{\sqrt{1-\sin^2\dfrac{\alpha}{2}\sin^2\varphi}} = 2\sqrt{\frac{r}{g}}\cdot(0.92705) \tag{11.28}$$

이다. 점 $B(0,0)$으로 부터 점 $C(r,r)$ 까지의 자유낙하 하강 시간을 계산을 하여 보자. 사이클로이드 곡선의 매개변수 방정식은

$$x = \rho(\psi - \sin\psi), \ y = \rho(1-\cos\psi) \tag{11.29}$$

이고, $C(r,r)$이므로 식(11.29)의 값이 같아야 한다. 따라서

$$\psi_1 - \sin\psi_1 = 1 - \cos\psi_1$$

을 만족하여야 하고, 이를 만족하는 값을 찾았는데, 그 값이

$$\psi_1 = 2.412011 = 138.198°, \ \rho = (0.572917)r$$

이다. 점 B와 점 C를 잇는 사이클로이드 곡선 Z의 속도는

$$v = \frac{ds}{dt} = \sqrt{2gy}$$

이고,

$$ds = \sqrt{\dot{x}^2 + \dot{y}^2}\,d\psi, \ dt = \sqrt{\frac{\rho}{g}}\,d\psi$$

이기 때문에 시간을 계산하면

$$\tau = \sqrt{\frac{\rho}{g}}\int_0^{\psi_1}d\psi = 2\sqrt{\frac{r}{g}}(0.91284) \tag{11.30}$$

이다.

12장 등시곡선 문제

12.1. 등시곡선 문제의 역사

등시곡선 문제는 중력을 받고 있는 물체가 출발점에 관계없이 주어진 목적지에 똑같은 시간에 도달하기 위해서 따라야 하는 곡선을 구하는 문제이다. 사이클로이드가 이 곡선을 만족한다. 즉 등시곡선 문제의 해가 사이클로이드인 것이다.

갈릴레오(Galileo, 1564~1642)는 원형 진동이 등시곡선(tautochronous)이라고 잘못 믿고 있었었다. 야곱 베르누이(Jacques Bernoulli, 1654~1705)는 1697년에 사이클로이드가 최단하강(Brachistochronous)의 성질을 갖는다는 것을 입증하였고, 크리스티안 호이겐스(Christiann Huygens, 1629~1695)에 의해서 1659년에 사이클로이드가 등시곡선이라는 것이 증명 되었다. 이를 바탕으로 진자시계를 만드는데 활용을 하였다. 이를 바탕으로 호이겐스가 처음으로 진자시계를 만들었다.

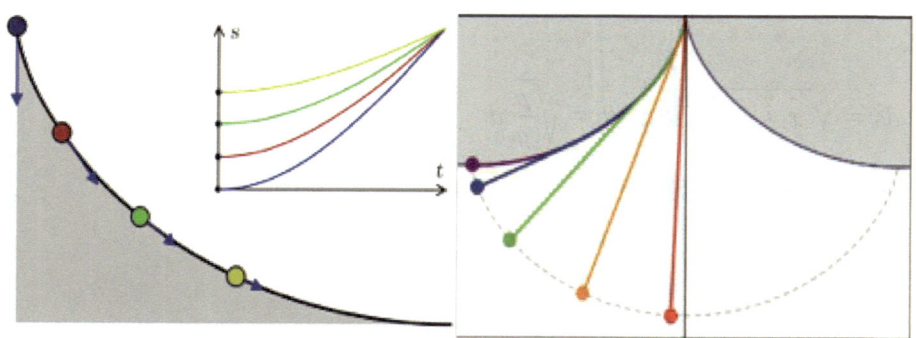

그림 12.1. 사이클로이드의 등시곡선 성질

천문학에서나 항해를 할 때에는 정확한 시간 측정이 필요했다. 이에 갈릴레이가 진자의 등시성을 발견하고 진자시계의 아이디어를 냈지만 실현을 하지 못했고, 1657년 호이겐스가 최초로 진자시계에 대한 특허를 제출했다. 그러나 호이겐스가 직접 진자시계를 제작했다는 증거는 없다. 그의 1673년 저서인 "진자시계"에서는 단순히 자신이 만든 진자시계의 수학적 원리뿐만 아니라 단순 진자, 복합 진자 등의 진자 운동을 설명하고 원심력이 적용되는 원리를 이끌어 냈다. 그는 메르센의 진자의 주기에 관한 문제를 수학적으로 풀어냈다. 이를 현대적인 표현으로 보면 $T=2\pi\sqrt{\dfrac{l}{g}}$ 로 나타낼 수 있다. (단, T는 진자의 주기, g는 중력가속도, l은 진자의 길이이다.)

갈릴레이는 처음에는 두 개의 진자를 통해 일정한 주기의 시간을 측정하려 했으나, 수 십 초의 오차가 나자 여러 번의 수정을 거듭했다. 근사적인 방법을 통해 구해낸 공식이었으므로 진폭이 좁은 것과 진폭이 넓은 진자사이의 오차가 너무 컸던 것이다.

호이겐스는 이러한 문제를 해결하기 위해서 물체를 놓았을 때 시작지점(진폭)과 상관없이 밑으로 미끄러져 내려가는데 똑같은 시간이 걸리는 곡선에 대해 연구했다. 이는 등시곡선 문제(tautochrone problem)와 상응한다. 그는 초기의 미적분형태의 기하학을 통해 그러한 곡선이 사이클로이드임을 보였다. 이를 통해 사이클로이드 형태의 벽을 제작하여 등시성의 진자를 만들어내는 데 성공하였다. 이후 그는 진자뿐만이 아니라 일반적인 의미의 진동하는 시스템에 대한 이론을 완성하여 제시 하기도 하였다. 현재 그가 만든 시계 중 가장 오래된 시계는 1657년 작품으로써 '레이던의 보어하브 박물관'에 전시되어 있다. 이 시계는 호이겐스에게 천문학 용도나 일상 용도로 사용되는 중요한 시계였다. 그는 이후 더 정교한 시계를 만들기 위해 균형 용수철을 단 형태를 개발하였으며, 그 외에도 축소시킨 형태의 회중시계를 만들기도 하였다.

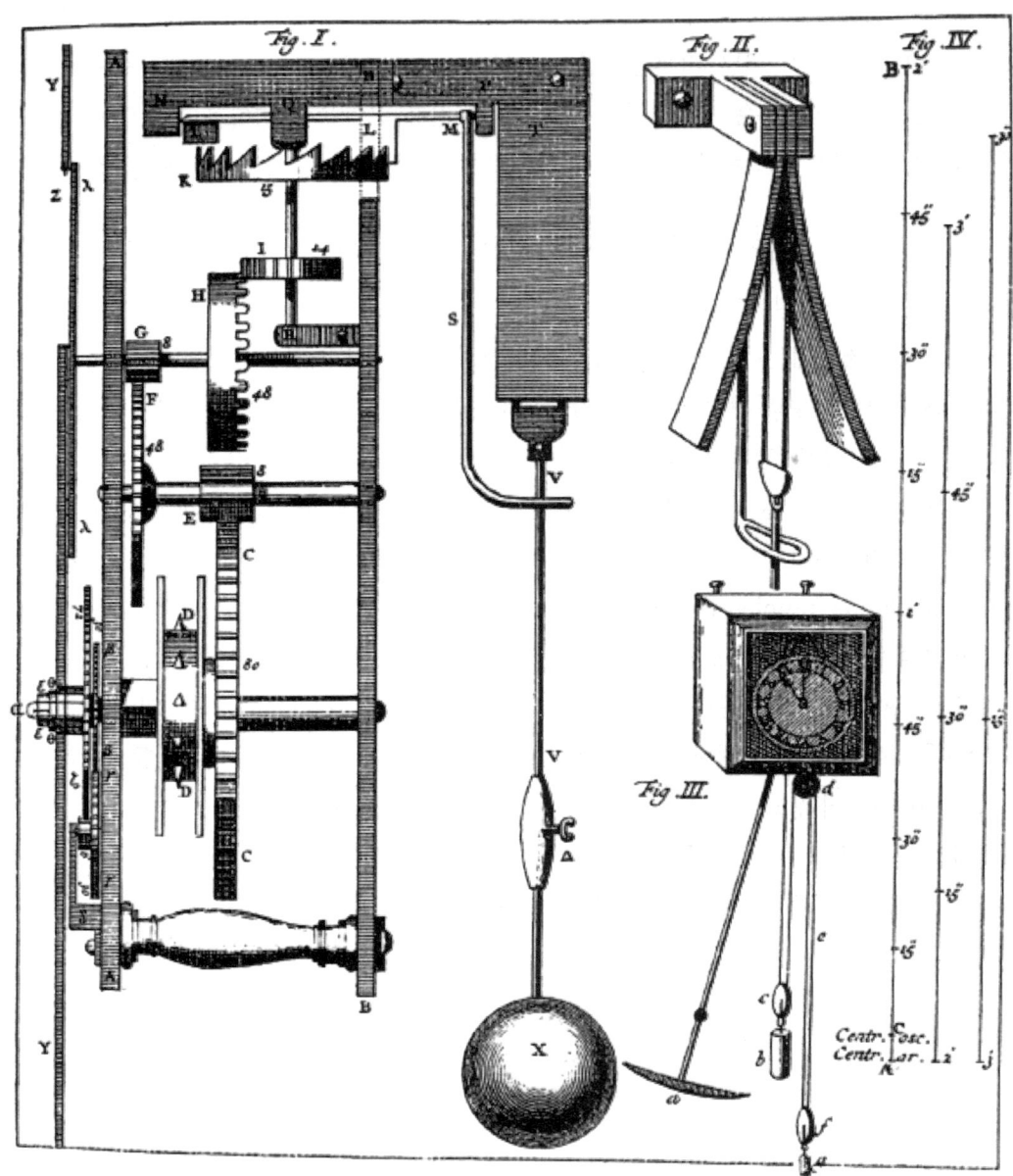

그림 12.2. 호이겐스 진자시계 설계도

12.2. 자유낙하 운동으로부터 호이겐스 진자운동 주기 구하기

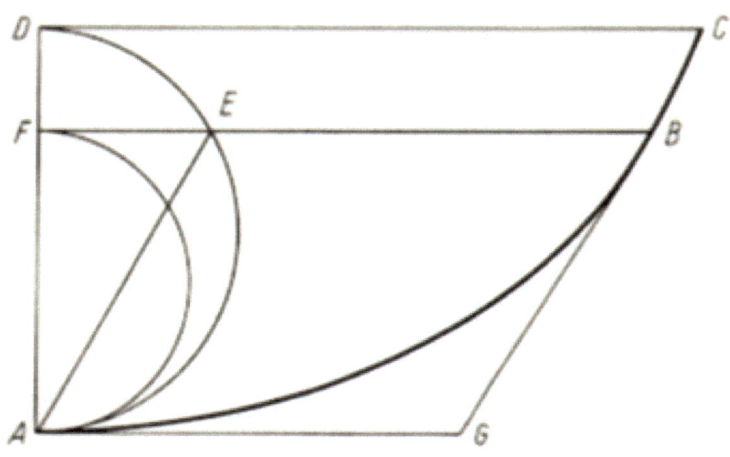

그림 12.3. 사이클로이드를 활용한 진자주기 구하기

높이가 $2R$인 높이에서 자유 낙하하는 시간은 $t = \sqrt{\frac{2s}{g}}$ 로 부터 $T_2 = \sqrt{\frac{4R}{g}}$ 를 얻을 수 있다. $\frac{T_1}{T_2} = \frac{\pi}{2}$ 로 부터 $T_1 = \frac{\pi}{2}\sqrt{\frac{4R}{g}}$ 를 얻을 수 있다. 이것으로 부터 $T_0 = 4T_1 = 2\pi\sqrt{\frac{4R}{g}}$ 이라는 사이클로이드 진자의 주기를 얻을 수 있다. 사이클로이드 위의 점에서의 곡률 반지름이 $4R$이라면, 좋은 근사값으로 진자의 줄 길이가 $l = 4R$일 때의 주기가 $T = 2\pi\sqrt{\frac{l}{g}}$ 이라는 공식을 얻을 수 있다.

12.3. 해석학적 접근으로 호이겐스 진자운동 주기 해석학적 증명

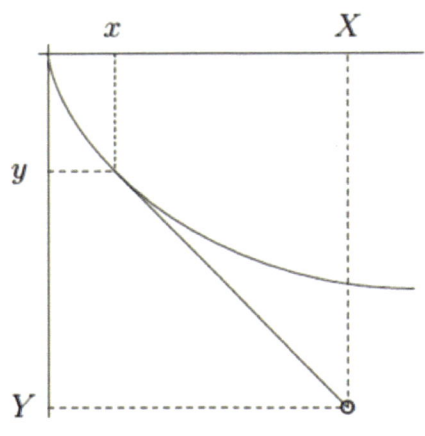

그림 12.4. 호이겐스 진자운동

진자 길이가 l을 갖는 호이겐스 진자 운동의 주기가

$$T = 2\pi \sqrt{\frac{l}{g}} \tag{12.1}$$

임을 해석학적으로 증명하여 보자.

사이클론의 좌표를 [그림 12.4.] 처럼 좌표화 하자. 아래쪽의 축은 음수인 부분이다. x축으로 사이클로이드를 대칭하여서 설명을 하려고 한다. 따라서 사이클로이드 매개변수 방정식은

$$\begin{cases} x = r(\theta - \sin\theta) \\ y = r(\cos\theta - 1) \end{cases} \tag{12.2}$$

이다. (단, θ의 범위는 $0 \leq \theta \leq \pi$이다.)

진자 길이가 원점에서 좌표 (x, y)까지 사이클로이드 호를 따라 감기고 이때 길이를 λ이라고 하고, 이 점에서 접선으로 나머지 길이가 추의 위치는 (X, Y)까지 직선이다. 원점으로 부터 (x_α, y_α)까지의 사이클로이드 곡선의 길이 λ는

$$\lambda = \int_0^{x_\theta} \sqrt{(dx)^2 + (dy)^2} = r \int_0^{\theta} \sqrt{(1-\cos\varphi)^2 + (\sin\varphi)^2}\, d\varphi$$

$$= r\sqrt{2}\int_0^\theta \sqrt{1-\cos\varphi}\,d\varphi = 2r\left[-2\cos\frac{\varphi}{2}\right]_0^\theta = 4r\left[1-\cos\frac{\theta}{2}\right] \qquad (12.3)$$

이다. 또한 전체 진자 길이가 l이므로 나머지 직선의 길이는 $l-\lambda$이다. 사이클로이드 위의 점 (x,y)에서 접선의 기울기를 구하여 보면,

$$\frac{dy}{dx} = \tan\phi = -\frac{\sin\theta}{1-\cos\theta}$$

으로

$$\sin\phi = -\sqrt{\frac{1+\cos\theta}{2}}, \quad \cos\phi = \sqrt{\frac{1-\cos\theta}{2}} \qquad (12.4)$$

의 관계가 성립됨을 알 수 있다. 따라서 추의 좌표 (X, Y)는

$$\begin{cases} X = x + (l-\lambda)\cos\phi \\ Y = y + (l-\lambda)\sin\phi \end{cases} \qquad (12.5)$$

이다. 원의 반지름과 추의 길이를 식 (12.2), (12.3), (12.4)를 (12.5)에 대입을 하여 정리를 하면,

$$\begin{cases} X = (l-4r)\cos\phi + r(\theta + \sin\theta) \\ Y = (l-4r)\sin\phi - r(3+\cos\theta) \end{cases} \qquad (12.6)$$

이다. $r = \frac{1}{4}l$이라고 하여 (12.6)에 대입하여 정리하면,

$$\begin{cases} X = r(\theta + \sin\theta) \\ Y = -r(3+\cos\theta) \end{cases} \qquad (12.7)$$

이다.

이를 시간 t에 관하여 미분을 하면,

$$\begin{cases} \dfrac{dX}{dt} = r(1+\cos\theta)\dfrac{d\theta}{dt} \\ \dfrac{dY}{dt} = r\sin\theta\dfrac{d\theta}{dt} \end{cases} \qquad (12.8)$$

추의 속도 v는

$$v = \sqrt{\left(\frac{dX}{dt}\right)^2 + \left(\frac{dY}{dt}\right)^2} = r\frac{d\theta}{dt}\sqrt{(1+\cos\theta)^2 + \sin^2\theta}$$

$$= r\frac{d\theta}{dt}\sqrt{2(1+\cos\theta)} \tag{12.9}$$

이다. 추의 위치에너지와 운동에너지는

$$\frac{1}{2}mv^2 + mgY = C \text{ (단, } C\text{는 상수)} \tag{12.10}$$

이고, 이를 다시 식 (9.9)를 식 (9.10)에 대입하여 정리하면,

$$r^2\left(\frac{d\theta}{dt}\right)^2(1+\cos\theta) - gr(3+\cos\theta) = C' \text{ (단, } C'\text{은 상수)} \tag{12.11}$$

이다. 우리는 계수를 조절하여서

$$r\left(\frac{d\theta}{dt}\right)^2(1+\cos\theta) = g(\cos\theta - \cos\theta_0) \tag{12.12}$$

의 형태로 나타낼 수 있다. (단, θ_0는 식 (12.12)를 만족하는 상수이다.)

이제 식 (12.12)을 dt에 대하여 정리를 하면,

$$dt = \sqrt{\frac{r}{g}}\sqrt{\frac{1+\cos\theta}{\cos\theta - \cos\theta_0}} \cdot d\theta \tag{12.13}$$

이다. 식 (12.13)는 변수 t와 θ에 대하여 변수분리형 미분방정식이다. 따라서 양변을 적분을 하면, t는

$$t = \sqrt{\frac{r}{g}}\int\sqrt{\frac{1+\cos\theta}{\cos\theta - \cos\theta_0}}d\theta \tag{12.14}$$

이다. (단, $0 \leq \theta \leq \theta_0$이다.) 그리고 t는 전체 주기의 $\frac{1}{4}$이므로 따라서 사이클로이드 곡선의 전체 진자 주기 T는

$$T = 4\sqrt{\frac{r}{g}}\int_0^{\theta_0}\sqrt{\frac{1+\cos\theta}{\cos\theta - \cos\theta_0}}d\theta \tag{12.15}$$

이다. 식 (12.15)에서 치환적분을 하여서 구하자. $\omega = \dfrac{\cos\theta - \cos\theta_0}{1 - \cos\theta_0}$로 치환하고, $r = \dfrac{1}{4}l$이라고 하면, 주기는

$$T = 2\sqrt{\frac{l}{g}}\int_0^1 \frac{1}{\sqrt{\omega(\omega-1)}}d\omega \tag{12.16}$$

이다. 식 (12.16)에서 $\int_0^1 \frac{1}{\sqrt{\omega(\omega-1)}}d\omega$의 값을 구하여 보자. 분수 부분의 근호 안을 완전제곱꼴로 나타내면

$$\omega - \omega^2 = \frac{1}{4} - \left(\omega - \frac{1}{2}\right)^2 \tag{12.17}$$

이다. 또한 $\omega - \frac{1}{2} = \frac{1}{2}\sin\psi$ 로 치환을 하면, $\omega = 0$일 때, $\psi = -\frac{\pi}{2}$이고, $\omega = 1$일 때, $\psi = \frac{\pi}{2}$이고, $d\omega = \frac{1}{2}\cos\psi\, d\psi$이다. 따라서 적분값은

$$\int_0^1 \frac{1}{\sqrt{\omega(\omega-1)}}d\omega = 2\int_{-\frac{\pi}{2}}^{\frac{\pi}{2}} \frac{1}{\sqrt{1-\sin^2\psi}}d\psi = \pi \tag{12.18}$$

이다. 따라서 식 (12.18)의 값을 식 (12.16)에 대입하면 주기는

$$T = 2\sqrt{\frac{l}{g}}\int_0^1 \frac{1}{\sqrt{\omega(\omega-1)}}d\omega = 2\pi\sqrt{\frac{l}{g}} \tag{12.19}$$

이다. 다소 어렵게 증명을 하였다.

12.4. 진자운동 주기의 라그랑쥬의 해

이 곡선의 위치가 곡선의 최하단에 있는 점으로 부터 곡선의 길이 $s(t)$로 매개변수로 되어 있다고 하자. 그러면 운동에너지는 $\left(\frac{ds}{dt}\right)^2$에 비례한다. 그리고 위치 에너지는 높이 $y(s)$에 비례한다. 등시곡선을 보이기 위해서 라그랑주 (Lagragian) 는 간단한 조화 진동자 (harmonic isochrone)를 이용하였다. 이 곡선의 진자 높이는 곡선의 길이의 제곱에 비례한다. 즉,

$$y(s) = s^2 \tag{12.20}$$

이다. 단, 비례식의 상수는 진자까지의 길이를 단위 길이로 바꾸어 1 로 놓을 수 있다. 그리고 식 (12.20) 양변을 미분하면

$$dy = 2s\, ds \tag{12.21}$$

이고, s를 제거하면
$$dy^2 = 4s^2 ds^2 = 4y(dx^2 + dy^2) \tag{12.22}$$
과 같이 나타낼 수 있다. 식 (12.22)를 다시 정리하면,
$$\frac{dy}{dx} = \frac{\sqrt{1-4y}}{2\sqrt{y}} \tag{12.23}$$
이고, 식 (12.23)에서 $u = \sqrt{y}$로 치환하여 적분하면,
$$x = \int \sqrt{1-4u^2}\, du \tag{12.24}$$
이다. 식 (12.24)의 적분 값은 원의 아래 면적과 같은데 삼각형과 활꼴의 두 부분으로 나눌 수 있다. 따라서
$$x = \frac{1}{2} u \sqrt{1-4u^2} + \frac{1}{4} \sin^{-1} 2u$$
$$y = u^2 \tag{12.25}$$
이다. 식 (12.25)의 방정식은 기이하게도 사이클로이드 매개변수 방정식이다. 이를 확인하여 보자. 치환을 잘하여야 하는데
$$\theta = \sin^{-1} 2u$$
이라고 정의하면,
$$8x = 2\sin\theta\cos\theta + 2\theta = \sin 2\theta + 2\theta$$
$$8y = 2\sin^2\theta - 1 - \cos 2\theta \tag{12.26}$$
로 사이클로이드임을 알 수 있다.

12.5. 진자운동 주기의 중력장을 이용한 해

등시 곡선 문제의 간단한 해는 곡선의 경사각과 곡선 위의 물체에 작용하는 중력 사이의 관계를 말한다. 곡선에 위의 물체는 수직으로 중력의 영향을 받는다. 곡선 위의 물체의 위치에 대한 접선의 각을 θ라고 하면, 물체에 대한 수직 방향으로 $g\sin\theta$만큼 중력이 작용한다.

등시 공선에 요구되는 중력은 물체가 이동하는 동안 남은 거리 s의 간단한 비례식 이다. 이에 대한 해는 아래의 방정식

$$\frac{d^2 s}{dt^2} = -k^2 s, \quad s = A\cos kt \tag{12.27}$$

을 만족한다. 미분방정식의 특수해는 시간 $t = \frac{\pi}{2k}$일 때, 남은 거리 $s = 0$이다. 등시 곡선의 문제는 물체가 움직이는 동안 남은 거리와 중력의 비례식을 구조화 하는 것이다. 이 곡선은

$$g\sin\theta = -k^2 s \tag{12.28}$$

을 만족한다. 식 (12.28)의 양변을 미분하면

$$g\cos\theta\, d\theta = -k^2 ds$$

$$ds = -\frac{g}{k^2}\cos\theta\, d\theta \tag{12.29}$$

이다. 또한

$$ds^2 = dx^2 + dy^2 = \left(1 + \left(\frac{dy}{dx}\right)^2\right)dx^2 = (1 + \tan^2\theta)dx^2 = \sec^2\theta\, dx^2$$

$$ds = \sec\theta\, dx \tag{12.30}$$

이다. 식 (12.29)를 식 (12.30)에 대입을 하면,

$$ds = -\frac{g}{k^2}\cos\theta\, d\theta$$

$$\sec\theta\, dx = -\frac{g}{k^2}\cos\theta\, d\theta$$

$$dx = -\frac{g}{k^2}\cos^2\theta\, d\theta = -\frac{g}{k^2}(\cos 2\theta - 1)d\theta \tag{12.31}$$

이다. 식 (12.31)은 변수 분리형 미분방정식으로 양변을 적분하면,

$$x = -\frac{g}{k^2}(\sin 2\theta + 2\theta) + C_x \tag{12.32}$$

이다. (단, C_x는 적분 상수)

또한

$$\frac{dy}{dx} = \tan\theta$$

$$dx = \cot\theta\, dy$$

$$\cot\theta\, dy = -\frac{g}{k^2}\cos^2\theta\, d\theta$$

$$dy = -\frac{g}{k^2}\sin\theta\cos\theta\, d\theta = -\frac{g}{2k^2}\sin 2\theta\, d\theta \tag{12.33}$$

이다. 식 (12.33)은 변수분리형 미분방정식으로 양변을 적분하면,

$$y = \frac{g}{4k^2}\cos 2\theta + C_y \tag{12.34}$$

이다. (단, C_y는 적분 상수)

이제 식 (12.32)와 (12.34)에서 $\phi = -2\theta$ 그리고 $r = \frac{g}{4k^2}$ 라 치환하면,

$$x = r(\sin\phi + \phi) + C_x$$
$$y = r\cos\phi + C_y \tag{12.35}$$

이다. 식(12.35)는 사이클로이드의 곡선의 해 임을 알 수 있다.

k와 하강하는 시간 $T = \frac{\pi}{2k}$ 에 대하여 해를 구하면,

$$r = \frac{g}{4k^2}$$

$$k = \frac{1}{2}\sqrt{\frac{g}{r}}$$

$$T = \pi\sqrt{\frac{r}{g}} \tag{12.36}$$

임을 알 수 있다.

12.6. 진자운동 주기의 라플라스 변환을 이용한 아벨의 해

라플라스 변환을 이용하여 아벨의 해를 접근하여 보자. 함수 $F(t)$의 라플라스 변환 함수를 $f(s)$라고 하면,

$$f(s) = \mathcal{L}(F(t)) = \int_0^\infty e^{-st} F(t) dt \tag{12.37}$$

이다. 또한 두 함수의 합성 곱의 형태는

$$\int_0^t F_1(z) F_2(t-z) dz = F_1 * F_2 \tag{12.38}$$

이다. 식(12.38)의 두 함수의 합성 곱의 라플라스 변환에 대한 이론이 있는데 두 함수 $F_1(t)$와 $F_2(t)$의 라플라스 변환을 각각 $f_1(s)$과 $f_2(s)$이라고 하면,

$$f_1(s) f_2(s) = \mathcal{L}\left\{\int_0^t F_1(z) F_2(t-z) dz\right\} = \mathcal{L}(F_1 * F_2) \tag{12.39}$$

을 만족한다. 호의 길이 ds는

$$ds = \sqrt{dx^2 + dy^2} = \sqrt{1 + \left(\frac{dy}{dx}\right)^2} dx \tag{12.40}$$

이다. y_0는 초기 위치이라 하자. 그러면 운동에너지와 위치에너지가 같아야 하므로

$$\frac{1}{2} m v^2 = mg(y_0 - y) \tag{12.41}$$

$v = \dfrac{ds}{dt}$을 식 (12.41)에 대입하여 정리를 하면,

$$\frac{1}{2} m \left(\frac{ds}{dt}\right)^2 = mg(y_0 - y)$$

$$\frac{ds}{dt} = \pm \sqrt{2g(y_0 - y)}$$

$$dt = \pm \frac{ds}{\sqrt{2g(y_0 - y)}}$$

$$dt = -\frac{1}{\sqrt{2g(y_0 - y)}} \frac{ds}{dy} dy \tag{12.42}$$

이다. 음수인 이유는 $\frac{ds}{dt} < 0$이기 때문이다. 이를 다시 시간으로 적분을 하면,

$$\int_{t_0}^{t} dt = -\frac{1}{\sqrt{2g}} \int_{y_0}^{y} \frac{1}{\sqrt{y_0 - u}} \frac{ds}{du} du \tag{12.43}$$

이 적분을 '아벨 적분 방정식'이라고 한다. 초기조건으로 $y = y_0$일 때 $t = t_0 = 0$, $y = 0$일 때 $t = T$이다. 따라서 위의 식에 대입을 하면,

$$\int_{0}^{T} \sqrt{2g}\, dt = \sqrt{sg}\, T = -\int_{y_0}^{0} \frac{1}{\sqrt{y_0 - u}} \frac{ds}{du} du \tag{12.44}$$

이다. 등시 곡선의 하강 시간을 T라 할 때, 독립 변수 y_0에 대하여 상수함수임을 보여야 한다. 위의 식은 $\frac{ds}{dy}$의 합성곱의 형태로 라플라스 변환의 형태이다. 따라서

$$\sqrt{2g}\, T = \sqrt{y} * \frac{ds}{dy} \tag{12.45}$$

이고 합성곱의 라플라스 변환에 의하여

$$\mathcal{L}\{\sqrt{2g}\, T\} = \sqrt{2g}\, T \frac{1}{s}$$

$$\mathcal{L}\{\sqrt{y}\} = \sqrt{\frac{\pi}{s}} \tag{12.46}$$

이다. 따라서

$$\sqrt{2g}\, T \frac{1}{s} = \mathcal{L}\left\{\frac{ds}{dy}\right\} \mathcal{L}\{y\} = \mathcal{L}\left\{\frac{ds}{dy}\right\} \sqrt{\frac{\pi}{s}} \tag{12.47}$$

이다. 식 (12.47)를 정리하면,

$$\frac{ds}{dy} = \frac{\sqrt{2g}\, T}{\pi} \sqrt{y} \tag{12.48}$$

이다. 식 (12.48)은 미분방정식의 형태로 그 해가 사이클로이드이다.

12.7. 심슨의 등시곡선의 주기로부터 사이클로드 방정식 유도

등시곡선의 주기로 부터 사이크롤이드 유도는 분수 미분에 대한 이해가 필요하다. 일반적 다항식은 $f(x) = x^k$의 형태를 갖는다. 여기서 첫번째 미분을 하면,

$$f'(x) = \frac{d}{dx}f(x) = kx^{k-1}$$

이를 계속적으로 미분을 하면,

$$\frac{d^a}{dx^a}x^k = \frac{k!}{(x-a)!}x^{k-a} \tag{12.49}$$

이다. 식 (12.49)를 감마 함수로 표현을 하면,

$$\frac{d^a}{dx^a}x^k = \frac{\Gamma(k+1)}{\Gamma(k-a+1)}x^{k-a} \tag{12.50}$$

이다. 이제 예를 들어 $k=1$, $a=\frac{1}{2}$를 대입하면 반-미분을 얻을 수 있다.

$$\frac{d^{\frac{1}{2}}}{dx^{\frac{1}{2}}}x^k = \frac{\Gamma(1+1)}{\Gamma\left(1-\frac{1}{2}+1\right)}x^{1-\frac{1}{2}} = \frac{\Gamma(2)}{\Gamma\left(\frac{3}{2}\right)}x^{\frac{1}{2}} = \frac{1}{\frac{\sqrt{\pi}}{2}}x^{\frac{1}{2}} \tag{12.51}$$

이제 식 (12.51)을 다시 정리하면,

$$\frac{d^{\frac{1}{2}}}{dx^{\frac{1}{2}}}\left(\frac{2}{\sqrt{\pi}}x^{\frac{1}{2}}\right) = \frac{2}{\sqrt{\pi}} \cdot \frac{\Gamma\left(\frac{1}{2}+1\right)}{\Gamma\left(\frac{1}{2}-\frac{1}{2}+1\right)}x^{\frac{1}{2}-\frac{1}{2}} = \frac{2}{\sqrt{\pi}} \cdot \frac{\Gamma\left(\frac{3}{2}\right)}{\Gamma(1)}x^0 = 1 \tag{12.52}$$

이다. 식 (12.52)는

$$\left(\frac{d^{\frac{1}{2}}}{dx^{\frac{1}{2}}}\frac{d^{\frac{1}{2}}}{dx^{\frac{1}{2}}}\right)(x) = \frac{d}{dx}x = 1 \tag{12.53}$$

와 같이 나타낼 수도 있다. 따라서 다항함수의 분수 미분[11]은

---

[11] 분수미분에 대하여 공부를 하고 싶은 학생은 <Functional Fractional Calculus> (저 : Shantanu Das)를 보세요.

$$\frac{d^a}{dx^a}x^{-k} = (-1)^a \frac{\Gamma(k+a)}{\Gamma(k)} x^{-(k+a)} \quad (단, \ k \geq 0) \tag{12.54}$$

이다. 일반적인 함수 $f(x)$의 분수 미분은

$$D^\alpha f(x) = \frac{1}{\Gamma(1-\alpha)} \frac{d}{dx} \int_0^x \frac{f(t)}{(x-\alpha)^\alpha} dt \tag{12.55}$$

와 같이 정의 한다. (단, $0 < \alpha < 1$)

예를 들면,

$$D^{3/2} f(x) = D^{1/2} D^1 f(x) = D^{1/2} \frac{d}{dx} f(x) \tag{12.56}$$

이다.

이제 분수 미분에 대한 이해를 하였고, 등시곡선으로부터 사이클로이드 방정식을 유도하여 보자.

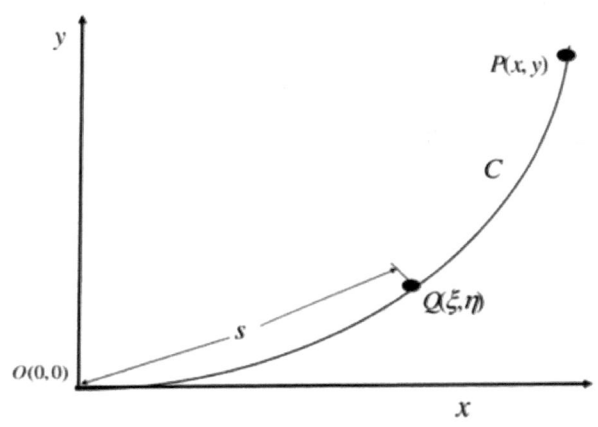

그림 12.5. 아벨의 해

아벨의 문제는 마찰이 없고 어느 위치에 놓아도 같은 맨 아래까지 도달하는 시간이 모두 같은 곡선을 구하는 문제로 등시 곡선에 관련된 문제이다. [그림 12.5.]처럼 S는 곡선

C에서 원점 O로부터 곡선 위의 임의의 점 Q 까지의 곡선의 호를 따라 측정된 길이이다. 점 $Q(\xi, \eta)$에서의 무게가 m 인 공의 받는 위치에너지와 운동에너지는 같으므로

$$\frac{1}{2}m\left(\frac{ds}{dt}\right)^2 = mg(y-\eta) \tag{12.57}$$

이고, 거리 s에 대한 시간 t의 관계식은

$$ds = -\sqrt{2g(y-\eta)}\,dt \tag{12.58}$$

을 만족한다. 이것은 시간이 증가할 때 호의 길이의 제곱근의 비율로 감소를 한다는 의미이다. 식 (12.58)을 시간에 대하여 정리를 하면,

$$dt = -\frac{1}{\sqrt{2g(y-\eta)}}\,ds \tag{12.59}$$

이다. 점 P로부터 원점 O까지 하강하는 시간 T는

$$T = -\frac{1}{\sqrt{2g}}\int_P^O \frac{1}{\sqrt{y-\eta}}\,ds \tag{12.60}$$

로 상수이다. (단, $s=h(\eta)$의 식으로 호의 길이이고, 함수 h는 곡선 C에 종속되어 있다.)

함수 $s=h(\eta)$은 미분의 연쇄법칙에 의해서

$$ds = h'(\eta)d\eta \tag{12.61}$$

이다. 식 (12.61)을 식 (12.60)에 대입을 하면,

$$T = -\frac{1}{\sqrt{2g}}\int_y^0 \frac{h'(\eta)}{\sqrt{y-\eta}}\,d\eta \tag{12.62}$$

이다. 식 (12.62)를 다시 표현을 하여보면

$$\sqrt{2g}\,T = \int_0^y (y-\eta)^{-1/2}h'(\eta)d\eta \tag{12.63}$$

이다. 식 (12.63)의 오른쪽 항을 리만 적분을 하면 상수 T를 얻을 수 있다. 우리는 이 적분의 값을 새로운 상수를 k로 놓고 변수를 바꾸어

$$k \equiv \int_0^x (x-t)^{-1/2}f(t)dt \tag{12.64}$$

의 형태로 놓을 수 있다. 식 (12.64)는 아벨 적분 함수인

$$\left(\frac{d^{1/2}}{dx^{1/2}}k\right) = \sqrt{\pi}f(x) \tag{12.65}$$

이다. 식 (12.65)의 함수를 반 미분을 하면 함수 $f(x)$를 구할 수 있다. 식 (12.63)의 해는 $h'(\eta) = \frac{ds}{d\eta}$ 일 때 얻을 수 있다. 따라서

$$f(y) \equiv h'(y) \tag{12.66}$$

이라고 놓자. 감마 함수의 한쪽의 표현과 리만-리오우벨리(Rieman-Liouvelli)의 분수 적분의 정의에 의해서 식 (12.65)는

$$D^{-1/2}f(x) = \frac{1}{\Gamma\left(\frac{1}{2}\right)}\int_0^x (x-t)^{-1/2}f(t)dt$$

$$\sqrt{\pi}D^{-1/2}f(x) = \int_0^x (x-t)^{-1/2}f(t)dt \tag{12.67}$$

이다. 식 (12.67)에서 연산자를 거꾸로 하면

$$\frac{\sqrt{2g}}{\Gamma\left(\frac{1}{2}\right)}T = D^{-1/2}f(y)$$

$$D^{-1/2}\sqrt{\frac{2g}{\pi}}T = f(y) \tag{12.68}$$

이다. 식 (12.68)의 상수의 반 미분은

$$D^{1/2}T = \frac{T}{\sqrt{\pi y}} \tag{12.69}$$

이다. 따라서 식 (12.69)를 식 (12.68)에 대입을 하면,

$$f(y) = \frac{\sqrt{2g}}{\pi}\frac{T}{\sqrt{y}} \tag{12.70}$$

를 얻는다. 식 (12.70)은 대수적인 약간의 조작에 의해서

$$f(y) \equiv h'(y) = \frac{ds}{dy} = \frac{\sqrt{dx^2 + dy^2}}{dy} = \sqrt{1 + \left(\frac{dy}{dx}\right)^2}$$

$$\frac{dy}{dx} = \sqrt{f(y)^2 - 1}$$

$$x = \int_0^y \sqrt{\frac{2gT^2}{\pi^2 \eta} - 1}\, d\eta + C \qquad (12.71)$$

을 얻는다. 또한 초기값으로 $x = y = 0$ 일때, $C = 0$ 이어서 식 (12.71)은

$$x = \int_0^y \sqrt{\frac{2gT^2}{\pi^2 \eta} - 1}\, d\eta \qquad (12.72)$$

이다. 식 (12.72)에서 $a = \dfrac{gT^2}{\pi^2}$ 와 $\eta = 2a\sin^2\xi$ 로 변수를 치환하면,

$$x = 4a \int_a^\beta \cos^2\xi\, d\xi \quad (\text{단, } \beta = \sin^{-1}\left(\sqrt{\frac{y}{2a}}\right)\text{이다.}) \qquad (12.73)$$

이다. 식 (12.73)을 적분하여 풀면 곡선의 방정식은

$$x = 2a\left(\beta + \frac{1}{2}\sin 2\beta\right)$$
$$y = 2a\sin^2\beta \qquad (12.74)$$

이다. 식 (12.74)에서 $\theta = 2\beta$, $a = \dfrac{gT^2}{\pi^2}$ 로 치환을 하면,

$$x = a(\theta + \sin\theta)$$
$$y = a(1 - \cos\theta) \qquad (12.75)$$

로 사이클로이드 방정식으로 변환을 할 수 있다.

즉, 등시곡선은 사이클로이드 곡선이다. 어떤 점에서 곡선 C를 따라 최단 시간에 하강하는 곡선의 문제를 베르누이가 해결을 하였다. 이 곡선 역시 사이클로이드 곡선이다. 시간 T는 하강하는 시간이 같고, 최단 시간으로 하강하는 시간이기도 하다.

13장 최단하강곡선 문제

13.1. 최단 하강곡선 문제를 풀기 위한 기초

베르누이 형제의 사이클로이드 해를 2가지 해법으로 논문을 출간하였다. 그 첫 번째 해법에 쓰인 물리적인 성질인 스넬(Willebarord Snellius, 1591~1626)이 1621년에 만든 스넬 법칙을 알아야 한다. 이 법칙은

$$\frac{\sin \alpha_1}{\sin \alpha_2} = \frac{v_1}{v_2} = \frac{n_1}{n_2}, \; n_1 = \frac{c}{v_1}, \; n_2 = \frac{c}{v_2} \tag{13.1.1}$$

이다. (단, c는 진공 상태의 빛의 속도이고, v_1, v_2는 주어진 각각의 매개 물질1, 매개 물질 2에서 속도, n_1, n_2는 굴절률 그리고 α_1, α_2는 빛의 입사각과 굴절각이다.)

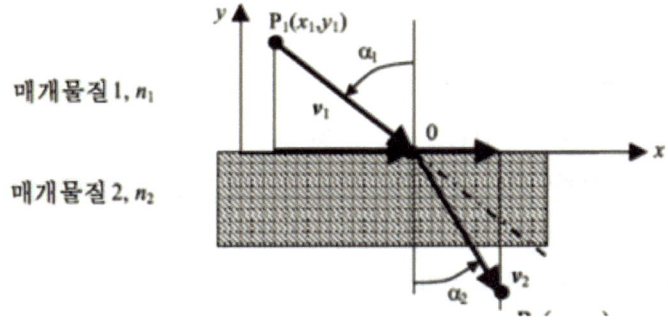

그림 13.1.1. 스넬 굴절 법칙과 페르마의 원리

스넬 법칙은 실험적으로 발견되었는데, 스넬의 법칙은 '프레넬 방정식'의 일부이며, 빛이 진행하는 경로에 대한 '페르마의 원리'로도 설명할 수도 있다. 주의할 점은 두 매개 물질의 투자률(permeability)[12]이 같아야 스넬 법칙을 적용할 수 있다. 페르마(Pierre de Fermat, 1605~1665)는 밀도가 다른 두 매개 물질[13]을 통과하는 빛의 가장 빠른 경로(최단 경로)의

---

12) 타자율이란 어떤 매질이 주어진 자기장에 대하여 얼마나 자화하는지를 나타내는 값이다.
13) 페르마가 선택한 두 매개 물질은 공기와 물이다.

원리를 주장하였다.[그림 13.1.1.] 이때 시간은

$$t = t_1 + t_2 = \min_{\alpha_2}$$

$$t = \frac{s_1}{v_1} + \frac{s_2}{v_2} = \min_\alpha \text{ 또는 } t = n_1 s_1 + m_{n2} s_2 = \min_{\alpha_2} \tag{13.1.2}$$

이다. 여기서 $t = \min_{\alpha_2}$의 의미는 굴절각 α_2에 대한 시간의 최솟값을 의미한다.

직교 좌표계를 이용하면

$$t = n_1 \sqrt{(x-x_1)^2 + y_1^2} + n_2 \sqrt{(x_2-x)^2 + y_2^2} \tag{13.1.3}$$

이다. 페르마는 적용을 하지 않았지만 초기 조건($P(x_1, y_1)$, $Q(x_2, y_2)$)에 적용을 하여 보면,

$$\frac{dt}{dx}(P_1, P_2; x) = 0$$

$$n_1 \times \frac{x - x_1}{s_1} - n_2 \times \frac{x_2 - x}{s_2} = 0$$

$$n_1 \sin\alpha_1 = n_2 \sin\alpha_2 \tag{13.1.4}$$

임을 알 수 있다. 즉 스넬 굴절 법칙이 유도됨을 알 수 있다.

요한 베르누이(Johann Bernoulli, 1667~1748)는 1696년에 라이프니츠(Gofffried Wilhelm Leibniz)에게 보낸 편지에서 [그림 13.1.2.] 처럼 일반적 거리에 대하여 매개 물질의 선형적 변화의 페르마 원리의 해를 적용하여 최단 곡선의 해가 사이클로이드 곡선이라는 첫 번째 해를 발견하였고, 1696년에는 최단 곡선의 두 번째 해법을 찾았다.

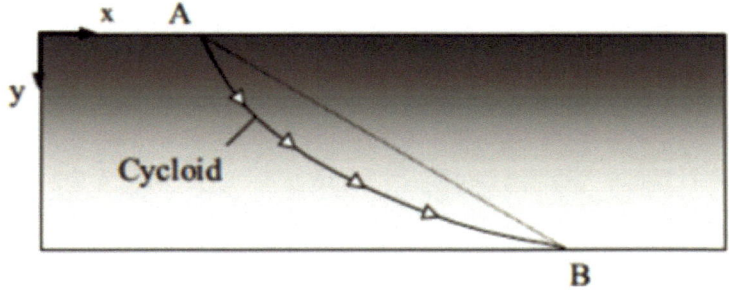

그림 13.1.2. 베르누이 사이클로이드 첫 번째 해의 도식

요한 베르누이는 1695년 6월에 최단 하강 곡선의 문제를 충분히 공식화하여 과학 학술지 Acta Eruditorum에 기고하였다. 이후 1년이란 기간 동안에 1696년 11월에 같은 학술지에 일반적인 해를 출판하였다.(Bernoulli 1695, Bernoulli 1696)

요한과 요셉 베르누이 형제의 최단 하강 곡선의 해는 기하학적이고 부분적으로 해석적인 해이고 라이프니츠의 해는 완전한 기하학적인 해로 훌륭한 아이디어와 완벽한 증명을 하여서 매우 흥미롭다. 심지어 베르누이 형제의 표현보다 뛰어나다. 그러나 한편으로는 미적분학의 오일러(Euler)의 창의적인 아이디어(기하학적인 표현)를 포함하고 있다.

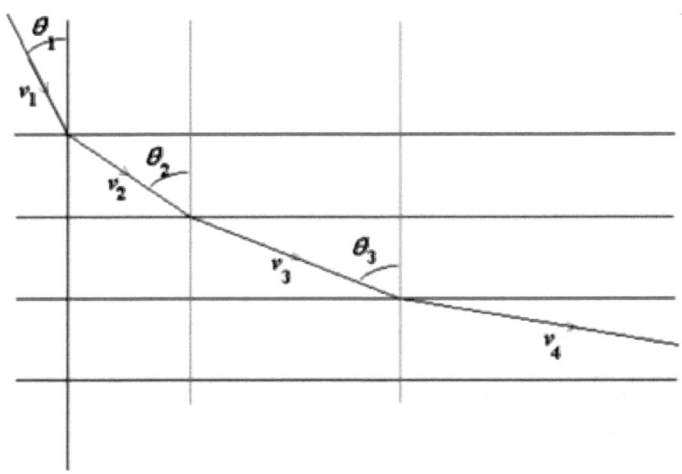

그림 13.1.3. 연속적인 스넬법칙 적용

13.2. 요한 베르누이 1697년 출간된 논문의 해

우리는 이제 요한 베르누이의 1697년에 출간한 논문을 따라 가보도록 하자.

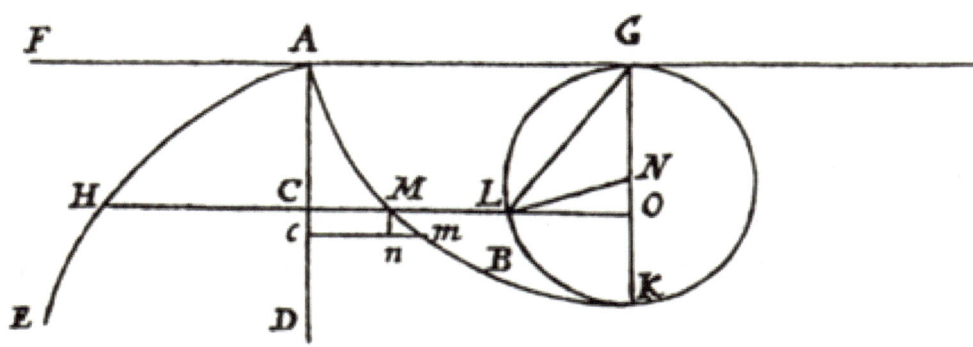

그림 13.2.1. 요한 베르누 논문 그림 1

[그림 13.2.1.]에서 처럼 평행선 FG에 의해서 FGD가 매개 물질로 채워져 있고, 점 A는 빛이 나오는 곳인 광점(光點)이라고 하자. 곡선 AHE는 수직 축(x축) AD와 높이 AC에서 매개 물질의 밀도를 결정하는 선분 HC(선분 HC 위와 아래로 밀도가 다른 매개 물질이 있다고 가정한다. 정작 위와 아래의 밀도는 같다고 풀이를 하여야 한다.), 빛의 속도로 움직이는 점 M에 아주 작은 입자가 놓여져 있다. 이때, $x=AC$, $y=CM$ 그리고 $t=CH$이라 하자. 좌표축에 놓여 있는 곡선 AHE는 높이 AC 위의 점에서 빛의 속도로 움직인다. 무한히 작은 구간 Cc, mn, Mm을 각각 dx, dy 그리고 dz 라고 하자. 만약 θ_r이 점 M에서 굴절각이라고 하면,

$$\sin\theta_r = \frac{nm}{Mm} = \frac{dy}{dz} \tag{13.2.1}$$

이 성립하고, '페르마의 원리와 스넬 법칙'에 의해서, 경로를 따라가는 물체의 위의 양은 속도 t에 비례한다. 즉

$$\frac{dy}{dz} = \frac{t}{a} \tag{13.2.2}$$

이 성립한다. (단, a는 양의 실수이다) 그리고, $dz^2 = dx^2 + dy^2$ 이어서

$$dy^2 = \frac{t^2}{a^2}dz^2 = \frac{t^2}{a^2}(dx^2 + dy^2) = \frac{t^2}{a^2}dx^2 + \frac{t^2}{a^2}dy^2 \tag{13.2.3}$$

이다. 따라서

$$dy^2 = \frac{t^2}{a^2 - t^2}dx^2$$

$$\frac{dy}{dx} = \frac{t}{\sqrt{a^2 - t^2}} \tag{13.2.4}$$

이다.

요한 베르누이의 최단거리문제의 이 표현은 갈릴레이가 발견한 법칙인 '자유낙하 운동 법칙'인 '떨어지는 높이는 속도 t에 비례한다.' 즉, $t = \sqrt{\alpha x}$ 에 특별한 경우에 속한다. ($\sqrt{a}$는 임의 수를 선택할 수 있는 상수이다. 그 값은 $t = \sqrt{2gx}$(단, g는 중력 상수)에서 $a = 2g$를 갖는다) 위를 식에 속도 식을 넣어 정리하면,

$$dy = \sqrt{\frac{x}{a-x}}\,dx \tag{13.2.5}$$

이다. 식 (13.2.5)를 적분을 하기 위해서 식을 변형을 하면,

$$dy = dx\sqrt{\frac{x}{a-x}} = \frac{1}{2}\frac{a\,dx}{\sqrt{ax-x^2}} - \frac{1}{2}\frac{a-2x}{ax-x^2}dx \tag{13.2.6}$$

이다. 식 (13.2.6)의 미분방정식은 변수분리형으로 양변을 적분하면,

$$\int dy = \int \frac{a}{2\sqrt{ax=x^2}}dx - \int \frac{1}{2}\frac{a-2x}{\sqrt{ax-x^2}}dx \tag{13.2.7}$$

이다. 식 (13.2.7)의 좌변은

$$\int dy = y + (상수) \tag{13.2.8}$$

이다. 식 (13.2.6)의 우변의 오른쪽 식을 적분을 하면

$$\int \frac{a-2x}{\sqrt{ax-x^2}}dx = \sqrt{ax-x^2} + (상수)$$

이다. 또한 [그림 13.2.1.]에서

$$\sqrt{ax-x^2} = LO \tag{13.2.9}$$

이다. 이를 유클리드 기하학에 의해서 살펴보면, 삼각형 KLG이 직각삼각형이므로

$$\sqrt{ax-x^2} = \sqrt{GK \cdot GO - GO^2}$$
$$= \sqrt{GO(GK-GO)} = \sqrt{GO \cdot KO} = LO \qquad (13.2.10)$$

이다. 원주 GLK의 반지름이 LN이고, 지름 $GK=a$ 그리고 $x=GO$ 라고 하자. 그리고 식 (13.2.7) 우변의 첫 번째 식의 적분은

$$d[\widehat{GL}] = \sqrt{d(LO)^2 + d(OG)^2}$$
$$= \sqrt{[d(\sqrt{ax-x^2})]^2 + dx^2} = \sqrt{\left[\frac{adx-2xdx}{2\sqrt{ax-x^2}}\right]^2 + dx^2}$$
$$= \sqrt{\frac{a^2dx^2 + 4x^2dx^2 - 4axdx^2 + 4axdx^2 - 4x^2dx^2}{(2\sqrt{ax-x^2})^2}}$$
$$= \frac{adx}{2\sqrt{ax-x^2}} \qquad (13.2.11)$$

이어서

$$\widehat{GL} = \int \frac{a}{2\sqrt{ax-x^2}} dx \qquad (13.2.12)$$

이다. 좌변은 $\int dy = y$ 이므로 이를 다시 정리하면,

$$y = \sqrt{ax-x^2} + \frac{1}{2}\int \frac{a}{\sqrt{ax-x^2}} dx \qquad (13.2.13)$$

이다. 이는 1686년에 라이프니츠가 발견한 사이클로이드 방정식과 일치한다.

식 (13.2.7)의 좌변을 다시 정리하면,

$$CM = y = \int dy = \widehat{GL} - LO \qquad (13.2.14)$$

이다. 반구의 원주인 GLK로 나타내고 다시 정리를 다시 정리하면,

$$MO = CO - CM = CO - \widehat{GL} + LO$$
$$= \widehat{GLK} - \widehat{GL} + LO$$
$$= \widehat{LK} + LO \qquad (13.2.15)$$

이고,

$$MO = ML + LO \tag{13.2.16}$$

이다. 식 (13.2.15)와 식 (13.2.16)에서

$$\widehat{LK} = ML \tag{13.2.17}$$

이다.

요한 베르누이의 해는 미분방정식을 풀어서 곡선 AMK를 얻었다. 이 곡선은 사이클로이드의 정의를 말하는 것이다. 이를 해석적으로 분석을 하여 보자.

일반적인 원의 반지름을 b 라고 하자.

$$b = \frac{a}{2}, \ \widehat{LK} = b\varphi \ \text{그리고} \ \widehat{GL} = b\pi - b\varphi = bt \tag{13.2.18}$$

이다. 따라서

$$\sin t = \sin \varphi = \frac{LO}{b} \tag{13.2.19}$$

이고,

$$CO = AG = b\pi = y + ML + LO = y + \widehat{LK} + b\sin t$$

$$y = b\pi - \widehat{LK} - b\sin t = b\pi - b\varphi - b\sin t = b(t - \sin t) \tag{13.2.20}$$

이다. x를 구하기 위해서는

$$\cos t = -\cos\varphi = -(b - OK) \tag{13.2.21}$$

를 적용하면

$$x = AC = GK - OK = b(1 - \cos t) \tag{13.2.22}$$

이다.

어느 정도 요한 베르누이는 최단거리의 곡선이 사이클로이드임을 증명하였다. 이제 점 A와 점 B를 통과하는 사이클로이드 곡선이 유일하다는 것을 증명하여 보자.

그는 이것을 보이기 위해서 [그림 13.2.2.]처럼 평행선인 직선 AL에 두 개의 사이클로이드 ARS와 ABL을 주어지고, 직선 AB를 그렸다. 그러면,

$$AR : AB = AS : AL \tag{13.2.23}$$

임을 알 수 있다. 역으로 점 B와 선분 AS로 만들어진 사이클로이드 ARS와 식 (13.2.23)을 만족하고 점 A로 부터 출발하고 선분 AL로 만들어진 사이클로이드는 점 A를 출발하여서 점 B를 통과하여 무한한 직선 AL로 만들어지는 유일한 사이클로이드이다.

[그림 13.4.2]의 우측에 있는 그림을 통해서 선분 AS와 AL일반적인 원에서 각속도가 같음을 쉽게 알 수 있다.

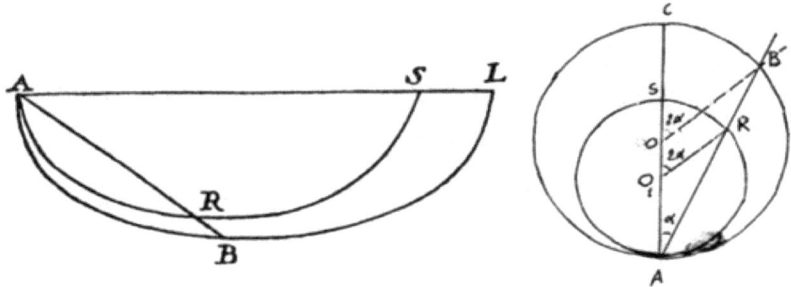

그림 13.2.2 요한 베르누이 논문 그림 2, 보충 설명 그림

요한 베르누이의 논문의 마지막은 [그림 13.2.3]처럼 곡선 PB를 발견하는 문제를 다루고 있다. 그는 "등시 곡선(synchrone, 같은 주기를 갖는 곡선)"이라고 하였다. 무거운 추를 점 A에서 사이클로이드 곡선을 따라 굴리면, 모두 같은 시간에 도착한다. 이 문제는 호이겐스의 주기 문제와 연결이 된다. 이에 대해서는 다루지 않고 요한 베르누이의 논문을 보아라.

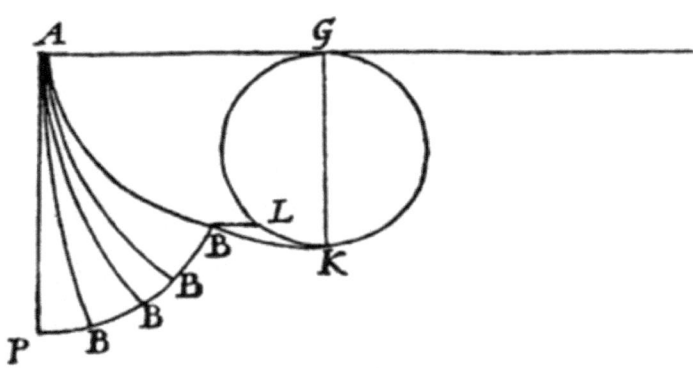

그림 13.2.3. 요한 베르누이 논문 그림 3

13.3. 야곱 베르누이의 해

야곱 베르누이 자신의 논문에서 형제인 요한 베르누이의 문제에 라이프니츠를 초청하지 않는 것은 고려하지 않았고, 몇 주 안에 해를 구하였다고 하였다. 1696년 10월의 일이고 그는 이것을 'oligochrone'이라고 하였다. 야곱 베르누이는 요한 베르누이와는 상당히 다른 접근이었다. 말하자면 다변수 미적분의 초기 기법을 발전시키는데 영향력을 주었다. 특히 오일러에게 영향을 주었다.

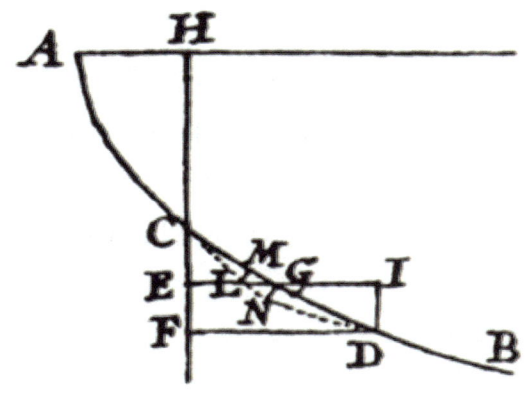

그림 13.3.1. 요셉 베르누이 해

야곱 베르누이는 점 A에서 B까지의 하강 곡선의 가장 짧은 시간에 점 C에서 점 D까지 움직였다고 하자. 그러면 공이 가장 빨리 내려오는 경로인 호 CD는 점 C에서 점 D까지 여러 호 들을 연결하여 나타낼 수 있다. ([그림 13.3.1.]을 보아라) 사실, 다른 부분인 호 CED가 더 빨리 내려오는 하강 곡선이라고 하면, 호 $ACDB$가 최단 하강 곡선임에도 불구하고, 호 $ACEDB$가 최단 하강 곡선이다. 그러면, 선분 GL가 선분 GE를 미분하여, 점 L은 선분 EI 위의 점이고, 점 E는 점 C와 점 F의 중점이 되도록 곡선의 상당히 작은 부분의 폐곡선 위의 두 점 C와 점 D을 잡자. 다시 말해서, 선분 GL을 선분 GE를 고계 미분을 하여 얻은 극소인 부분이다. 직선 AH, EI 그리고 FD는 평행하고 또한 직선 HF는 직선 AH, EI 그리고 FD에 수직이다. ([그림 13.3.1.]을 보아라) 따라서 호 CGD는 점 C에서 점 D를 연결한 가장 작은 호임을 이용하여 야곱 베르누이는 식 (13.3.1)의 결론을 얻었다.

$$t_{CL} + t_{LD} = t_{CG} + t_{GD} \tag{13.3.1}$$

단, t_{CL}의 의미는 점 C에서 점 G까지 간 시간의 의미다. 이것은 현대적인 미분을 생각하면 근삿값을 무한히 작은 범위에서 같다고 하였다. 즉.

$$t_{CG} - t_{CL} = t_{LD} - t_{GD} \tag{13.3.2}$$

이다. 기울기에 대한 비율 법칙에 따라서 또한 CG를 직선으로 가정하면,

$$CE : CG = t_{CE} : t_{CG}$$

$$CE : CL = t_{CE} : t_{CL} \tag{13.3.3}$$

이다. (식13.3.3) 유클리드 기하학의 비례 법칙에 따라서 정리를 하면,

$$CE : (CE - CL) = t_{CF} : (t_{CG} - t_{CL}) \tag{13.3.4}$$

이다.

점 L에서 직선 CG에 내린 수선의 발을 점 M이라고 하자. 선분 GL을 선분 GE를 고계 미분을 하여 얻은 극소인 부분이다. 그리고

$$CL = \sqrt{CM^2 + ML^2} = CM\sqrt{1 + \frac{ML^2}{CM^2}} \simeq CM + \frac{1}{2}\frac{ML^2}{CM} \simeq CM \tag{13.3.5}$$

이어서

$$CG - CL = MG \tag{13.3.6}$$

이다. 다른 한편으로는 삼각형 MLG와 CEG가 닮음이라서

$$EG : CG = MG : GL \tag{13.3.7}$$

이다. 식 (13.3.7)에 각 변에 $t_{CG} : (t_{CG} - t_{CL})$로 나누고 식 (13.3.4)에 대입을 하면,

$$CE : GL = EG \cdot t_{CE} : CG \cdot (t_{CG} - t_{CL}) \tag{13.3.8}$$

이다.

같은 방법으로 점 G에서 직선 LD에 내린 수선의 발을 점 N이라고 하면,

$$EF : GL = GI \cdot t_{EF} : GD \cdot (t_{LD} - t_{GD}) \tag{13.3.9}$$

이다. 위의 두 식 (13.3.8)과 (13.3.9)를 비교하면,

$$EG \cdot t_{CE} : CG \cdot (t_{CG} - t_{CL}) = GI \cdot t_{EF} : GD \cdot (t_{LD} - t_{GD}) = CG : GD \tag{13.3.1}$$

0)

이고,
$$EG \cdot t_{CE} : GI \cdot t_{EF} = CG \cdot (t_{CG} - t_{CL}) : GD \cdot (t_{LD} - t_{GD}) = CG : GD \quad (13.3.1$$
1)

이다. 또한, 중력 법칙에 의해서
$$EG \cdot t_{CE} : GI \cdot t_{EF} = \frac{EG}{\sqrt{HC}} : \frac{GI}{\sqrt{HE}} \quad (13.3.12)$$

이다. 이를 이용하여 야곱 베르누이는
$$\frac{EG}{\sqrt{HC}} : \frac{GI}{\sqrt{HE}} = CG : GD \quad (13.3.13)$$

의 식을 얻었다. 이는 매우 작은 구간의 곡선을 직선화하여보면 직선들의 관계는 세로 길이의 제곱근에 반비례하고 가로 길이에 비례한다는 것을 알 수 있다. 이는 호이겐스 등시 곡선의 성질을 나타낸 것이다. 따라서 최소화한 곡선은 사이클로이드이다.

야곱 베르누이는 기하학적으로도 증명하였다.

[그림 13.3.2] 를 보아라. 그는 사이클로이드의 성질인
$$GD : GI = GN : GX = VP : VX = VR : RX = \sqrt{RT} \quad (13.3.14)$$

그리고
$$EG : CG = CS : CM = QS : QP = RS : RQ = \sqrt{RS} : \sqrt{RP} \quad (13.3.15)$$

임을 알 수 있다.

그러므로
$$GD : CG = GI\sqrt{RP} \sqrt{HC} : EG\sqrt{HE} \sqrt{RP} = GI\sqrt{HC} : EG\sqrt{HE} \quad (13.3.16)$$

이다. 해석적으로 이를 다시 논의하면,
$$CG = dx = \sqrt{dx^2 + dy^2},$$
$$HE = x,$$
$$CE = dx,$$
$$EG = dy \quad (13.3.17)$$

으로 놓고 이를 식 (13.3.13)을 다시 나타내면,

$$ds = \frac{k}{\sqrt{x}}dy \tag{13.3.18}$$

으로 나타낼 수 있고,

$$\frac{dy}{dx} = \sqrt{\frac{x}{k^2 - x}} \tag{13.3.19}$$

이다. 이 미분방정식의 해는 사이클로이드이다.

마지막으로 야곱 베르누이는 점 A에서 점 B까지의 곡선이 사이클로이드가 된다고 하였다.

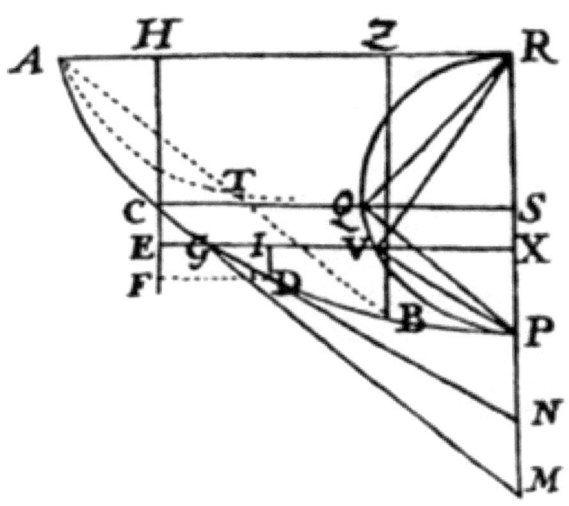

그림 13.3.2. 야곱 베르누이 사이클로이드 성질

13.4. 베르누이 형제의 첫 번째 해의 현대적 표현

베르누이 형제는 속도 변화 문제로 접근하였다. 공의 좌표와 공의 속도 식인

$$v(x) = \sqrt{2gy}, \ v(0) = 0 \ (\text{갈릴레이에 의한 조건}) \tag{13.4.1}$$

과 공의 접선 방향으로 속도의 정의에 의해서 문제를 해결하였다.

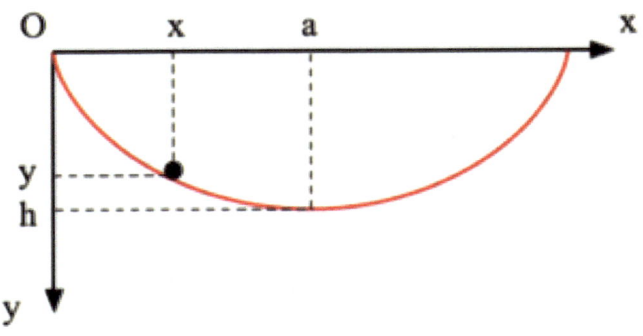

그림 13.4.1. 최단 하강 곡선의 해석 표현

그러면 식 (13.4.2) 같은 관계식을 알 수 있다.

$$v(x) = \frac{ds}{dt}$$

$$dt = \frac{1}{v(x)} ds \tag{13.4.2}$$

$$ds = \sqrt{1 + \left(\frac{dy}{dx}\right)^2}$$

그리고 시간 $t = t(y(x))$는

$$t = \int_{x=0}^{a} dt = \int_{x=0}^{a} \frac{\sqrt{1+\left(\frac{dy}{dx}\right)^2}}{2gy} dx = \int_{x=0}^{a} \sqrt{\frac{1+(y')^2}{2gy}} dx = \min_{y(x)} \tag{13.4.3}$$

으로 나타낼 수 있다.

$$L(x,y,y') = \sqrt{\frac{1+(y')^2}{2gy}} \qquad (13.4.4)$$

이라고 정의하면 식 (13.4.3)은

$$t = \int_{x=0}^{a} L(x,y,y')dx = \min_{y(x)} \qquad (13.4.5)$$

으로 표현할 수 있다. 식 (13.4.5) 이용한 풀이는 14장에서 보도록 하겠다. 우리는 베르누이의 해법이 관심사이므로 그들의 해법을 따라 보도록 하자.

[그림 13.4.2]에서

$$\Delta x_i = x_{i+1} - x_i$$
$$\Delta y_i = y_{i+1} - y_i \qquad (13.4.6)$$
$$\frac{\Delta x_i}{\Delta s_i} = \sin\varphi_i$$

이 성립한다. 두 매개 물질의 밀도가 선형적으로 변화하는 가장 짧은 시간의 빛의 빠른 경로의 '페르마 원리'를 이용하였다.

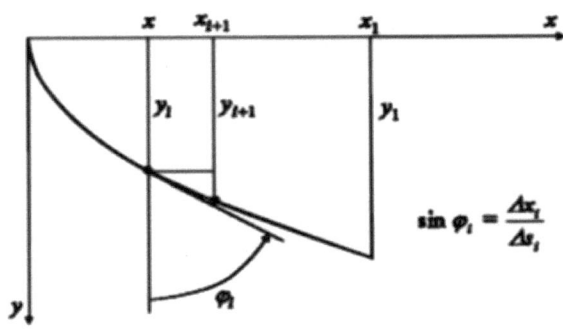

그림 13.4.2. 베르누이 첫 번째 풀이 유한 미분

매개 물질의 굴절률이 $n(x) = \dfrac{c}{v(x)}$ 이므로 점 A와 B의 각각의 x좌표가 x_A와 x_B이고 이를 지나는 최단 시간을 $\overline{t}$ 라고 하자. 그러면

$$\overline{t}(x_A, x_B, \varphi(x)) = \int_{x_A}^{x_B} n(x)ds = \int_{x_A}^{x_B} \frac{c}{v(x)} ds$$

$$\frac{c}{\sqrt{2g}} \int_{x_A}^{x_B} \sqrt{\frac{1+(y')^2}{y}} dx = \min_{y(x)} \tag{13.4.7}$$

이다. 이것은 최단 하강 곡선의 문제와 같은 다른 표현이다. '스넬 법칙'에 의해서

$$n_1 \cdot \sin\varphi_1 = n_2 \cdot \sin\varphi_2$$

$$\frac{\sin\varphi_1}{v_1} = \frac{\sin\varphi_2}{v_2} = (상수) \tag{13.4.8}$$

임을 알 수 있다. 매개 물질의 밀도의 연속적인 변화에 의하여

$$\frac{\sin\varphi_i(x_i)}{v_i(x_i)} = (상수) \ (단, \ i = 1, 2, 3, \cdots, (n+1)) \tag{13.4.9}$$

이 성립한다. [그림 13.4.2.]에서 보면,

$$\frac{\Delta x_i}{\Delta s_i} = \sin\varphi_i \tag{13.4.10}$$

이어서

$$\frac{\sin\varphi_i(x_i)}{v_i(x_i)} = \frac{1}{v_i(x_i)} \cdot \frac{\Delta x_i}{\Delta s_i} = \frac{1}{v_i(x_i)} \frac{1}{\frac{\Delta s_i}{\Delta x_i}} = K(상수)$$

$$\frac{1}{\sqrt{1+y'^2}} = K\sqrt{2gy} \tag{13.4.11}$$

이다. 이제 변수를 치환하자.

$$\xi = 2gK^2 x, \ \eta = 2gK^2 y \tag{13.4.12}$$

이라고 치환을 하면, 식 (13.4.12)의 미분을 구하면

$$\frac{d\eta}{d\xi} = \frac{dy}{dx}, \ \frac{1}{1+\left(\frac{d\eta}{d\xi}\right)^2} = \eta \tag{13.4.13}$$

이 성립한다. 식 (13.4.13)을 변수 분리형으로 변환을 할 수 있어 이를 변형하면,

$$1 + \left(\frac{d\eta}{d\xi}\right)^2 = \frac{1}{\eta}$$

$$d\xi = \sqrt{\frac{\eta}{1-\eta}}\, d\eta \tag{13.4.14}$$

$$\int_{(x)} d\xi = \int_{(x)} \sqrt{\frac{\eta}{1-\eta}}\, d\eta$$

이다. 또한

$$\sin\varphi = Kv = K\sqrt{2gy}$$
$$y = \frac{\sin^2\varphi}{2gK^2} \tag{13.4.15}$$
$$n = 2gK^2 y = \sin^2\varphi$$

임을 알 수 있다. 또한

$$\int_{(x)} d\xi = \int_{(x)} \sqrt{\frac{\eta}{1-\eta}}\, d\eta \tag{13.4.16}$$

을 양변을 각각 적분하여 보면

$$(\text{좌변}) = \xi + (\text{상수}) \tag{13.4.17}$$

우변은 $\eta = \sin^2\varphi$로 치환 적분을 하면,

$$(\text{우변}) = \frac{1}{2}(2\varphi - \sin 2\varphi) \tag{13.4.18}$$

이다. 식 (13.4.17)과 (13.4.18)에 적분 상수를 초깃값을 넣어 $-\xi_0$라고 정의하면, 식 (13.4.18)은

$$\xi - \xi_0 = \frac{1}{2}(2\varphi - \sin 2\varphi) \tag{13.4.19}$$

이다. 식 (13.4.19)에서 $\alpha = 2\varphi$, $r = \dfrac{1}{4gK^2}$ 라고 하면,

$$\begin{cases} x - x_0 = r(\alpha - \sin\alpha) \\ y - y_0 = r(1 - \cos\alpha) \end{cases} \tag{13.4.20}$$

이다. 식 (13.4.20)은 사이클로이드의 일반적인 매개변수 방정식의 표현이다.

13.5. 라이프니츠 기하학적 해

최단하강곡선의 라이프니츠의 해는 1696년 6월 16일 날짜 소인이 찍힌 요한 베르누이에게 보낸 편지에 포함되어 있었다. 높이를 x라고 하였고, 길이를 y라고 표시를 하였다. 라이프니츠는 최단 시간의 자유 하강 곡선이 사이클로이드임을 보이기 위해서 곡선의 길이가 높이의 제곱근에 반비례하고 수평선 길이에 비례한다는 것을 보였다. 다시 말해서

$$ds = \frac{k}{\sqrt{k}} dy \ (단, \ ds^2 = dx^2 + dy^2) \tag{13.5.1}$$

또는

$$\frac{dy}{dx} = \sqrt{\frac{x}{2b-x}} \ (단, \ 2b = k^2) \tag{13.5.2}$$

임을 보인 것이다.

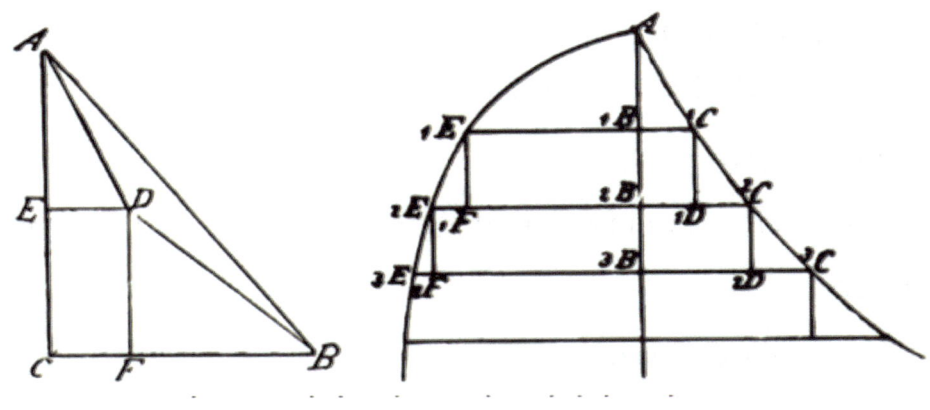

그림 13.5.1. 라이프니츠 논리를 설명한 그림

이제 라이프니츠의 편지 속에 나온 해를 따라가 보자. [그리 13.5.1.]의 왼쪽 그림에서 최단 시간에 곡선을 따라 하강하는 경로를 ADB라고 하고, 평행선에 평행한 직선 CB에 평행하고, 선분 AC의 중점 E를 지나는 직선 위에 점 D를 찾으려고 시도를 하였다.

갈릴레이의 중력 법칙에 의해서

$$t_{AE} = \sqrt{\frac{AE}{AC}}, \ t_{EC} = \left(1 - \sqrt{\frac{AE}{AC}}\right) t_{AC} \tag{13.5.3}$$

이어서,

$$t_{AD} = \frac{AD}{AE} t_{AE} = \frac{AD}{AE} \sqrt{\frac{AE}{AC}} t_{AC},$$

$$t_{DB} = \frac{DB}{EC} t_{EC} = \frac{DB}{EC}\left(1 - \sqrt{\frac{AE}{AC}}\right) t_{AC} \tag{13.5.4}$$

이다. 결과적으로, 점 A에서 점 D까지 다시 점 D에서 점 B까지 걸린 시간 t_{ADB}는

$$t_{ADB} = \left[\frac{AD}{AE}\sqrt{\frac{AE}{AC}} + \frac{DB}{EC}\left(1 - \sqrt{\frac{AE}{AC}}\right)\right] t_{AC} \tag{13.5.5}$$

이다. 이를 변수 점 D를 하여서 선분 AD와 DB의 양으로 표현을 하면

$$DB^2 = EC^2 + (CB - ED)^2 \ \text{또는} \ AD^2 = AE^2 + ED^2 \tag{13.5.6}$$

이다. 이를 식 (13.5.5)에 대입을 하면,

$$t_{ADB} = \left[\frac{\sqrt{AC^2 + ED^2}}{AE}\sqrt{\frac{AE}{AC}} + \frac{\sqrt{EC^2 + (CB-ED)^2}}{EC}\left(1 - \sqrt{\frac{AE}{AC}}\right)\right] t_{AC} \tag{13.5.7}$$

이고 이것은 유일한 변수는 ED이다. 식(13.5.7)을 미분을 하고, 초기 조건인 $dt_{ADB} = 0$를 대입하면,

$$\frac{ED}{\sqrt{AE^2 + ED^2}} \cdot \frac{1}{AD} \cdot t_{AD} - \frac{1}{DB} \cdot \frac{CB - ED}{\sqrt{EC^2 + (CB-ED)^2}} \cdot t_{DB} = 0 \tag{13.5.8}$$

다시 말해, 점 D의 조건이

$$\frac{ED}{AD^2} \cdot t_{AD} = \frac{FB}{DB^2} \cdot t_{DB} \tag{13.5.9}$$

이다. [그림 13.5.1.]의 오른쪽 그림에서 곡선 AE는 점 A에서 점 B까지 자유 낙하 운동의 시간 BE에 대한 점 A가 꼭짓점이고 직선 AB를 축으로 하는 포물선이다. 곡선 AC는 최단하강곡선이고, B_1, B_2 그리고 B_3은 균등하게 위치한다. 라이프니츠는

$$t_{C_1 C_2} \cdot \frac{D_1 C_2}{C_1 C_2^2} = t_{C_2 C_3} \cdot \frac{D_2 C_3}{C_2 C_3^2} \tag{13.5.10}$$

을 발견하였고, 갈릴레이 법칙에 의해서

$$t_{C_1C_2} = \frac{C_1C_2}{C_1D_1^2}t_{C_1D_1} \;,\; t_{C_2C_3} = \frac{C_2C_3}{C_2D_2^2}t_{C_2D_2} \tag{13.5.11}$$

이다. 라이프니츠는 식 (13.5.11)에서

$$t_{C_1D_1} \cdot \frac{D_1C_2}{C_1C_2} = t_{C_2D_2} \cdot \frac{D_2C_3}{C_2C_3} \tag{13.5.12}$$

의 결론을 얻었다. 이것은 $C_1D_1 = C_2D_2$이므로,

$$\frac{D_1C_2}{D_2C_3} = \frac{F_2E_3}{F_1E_2} \cdot \frac{C_1C_2}{C_2C_3} \tag{13.5.13}$$

이다. 이것은 초기 함수 조건으로

$$ds = \frac{k}{\sqrt{x}}dy$$

이며,

$$D_1C_2 \propto dy, \; F_1E_2 = t_{B_1B_2} \propto \sqrt{x} \; \text{그리고} \; C_1C_2 \propto ds \tag{13.5.14}$$

이다. 라이프니츠는 베르누이 형제에게 위의 증명을 편지에 적어 보냈다.

이 증명은 1697년 5월에 Acta Eruditorum 저널에 핵심이었고, 라이프니츠는 자신의 해의 증명에 베르누이에게 보냈던 편지의 내용에 더하지도 않고 실었다. 그러나 "미적분학은 곡선을 찾는데 자신에게 도움을 주었다."라고 강조를 하였다. 그는 가장 빠르게 하강하는 곡선의 성질에 대해서도 적고 있다. [그림 13.5.1.]에서 $\frac{1}{2}GK \cdot CM$이 호 GL과 현 GL의 면적과 같고, 원의 반지름 LN에 의해서 사이클로이드 위쪽 면을 그리는 특징이 있다고 하였다.

13.6. 라이프니츠 기하학적 해의 설명

라이프니츠는 [그림 13.6.1]이 첨부된 훌륭한 기하학적인 해의 논문을 제출하였다. 그러나 그는 이 결론이 사이클로이드임을 알아보지는 못하였다. 수직축의 y를 이용하여서 수평축 x를 표현하였다. 독립 변수를 y로 하고 종속 변수를 x로 $x = f(y)$의 형태로 나타내었다. 지금까진 그는 시작점에서 특이점을 피하였다. 이 개념이 오일러 방정식(Euler equation)과 관계된 매우 간단한 해석적인 해임을 생각하게 하는 것이 흥미롭다. 오일러 방정식의 해에 대한 것은 14장에서 다루도록 하겠다.

갈릴레이 법칙(자유낙하 운동의 수직 낙하 거리는 시간에 제곱근에 반비례한다)을 만족하도록 [그림 13.6.1.] 처럼 그렸다.

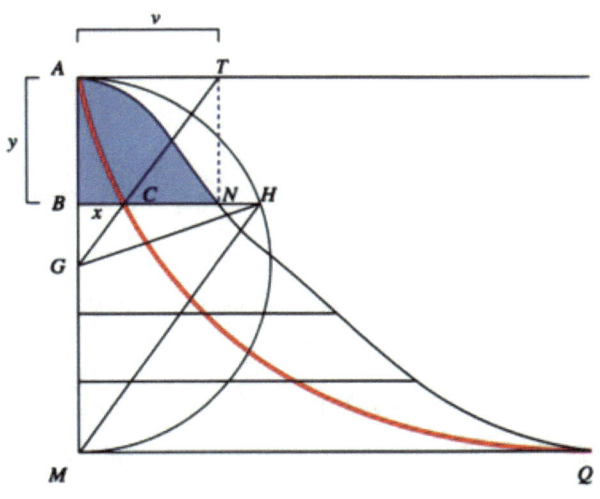

그림 13.6.1. 최단하강곡선의 라이프니츠 기하학적 해

작은 공이 미끄러짐 없이 굴러가는데(중력에 의해서만 공이 굴러간다. 속도 $AT = v$는 $AB = y$의 거리로 표현된다. 반원의 중심 G와 점 H로 부터 각 AGH의 각을 이등분 한 각 이등분선으로부터 점 T를 구할 수 있다. 점 T에서 선분 BH의 수선의 발을 점 N을 찾을 수 있고, 최단 하강 곡선의 아래의 그림자 부분을 적분하여 보자. 이 문제를 독립 변수 y로 최적화하여 나타내면,

$$t = \int_{y_0}^{y} \frac{ds(y)}{v(y)} = \min_y, \ (단, \ ds(y) = \sqrt{1+x'^2}\,dy) \tag{13.6.1}$$

이고, [그림 13.6.1.]에서 초기 조건은

$$\frac{1}{AG} \int_{y_0}^{y} v(y)ds = x(y) \tag{13.6.2}$$

이다. 스넬 법칙으로 부터 이 조건 (13.6.2)를 직접 미분을 하면,

$$\frac{\sin\varphi(y)}{v(y)} = C \ (상수) \rightarrow \underbrace{\int_{y_0}^{y} dx(y)}_{=x(y)} = \int_{y_0}^{y} v(y)ds(y) \tag{13.6.3}$$

이다.

13.7. 뉴톤의 해

뉴톤은 요한 베르누이의 최단 하강 곡선에 대한 문제를 읽고, 그에 대한 해를 하룻밤이 지나기 전에 풀이를 적었다고 한다. 이에 관한 이야기는 1697년 1월 30일 소인에 뉴톤이 Royal Society의 서기였던 친구 찰스 다우티 Charles Montagu에 보낸 편지에 적혀 있고, 베르누이의 두 번째 문제의 해도 함께 보냈다.

말한 그대로 베르누이 문제에 대해 1697년 1월에 학회지 Programma에 4장과 1/4장에 걸쳐 뉴톤의 해를 실었다. 그리고 "여기까지네 베르누이, 문제의 해는 이것일세!"라고 말하였다.

최단 하강 곡선의 뉴톤의 해는 *Philosophical Transactions* 회보에 1697년 1월 판에 익명으로 첫 출판 되었다. 후에 *Acta Eruditorum*에도 여전히 익명으로 출판되었다. 점 A에서 점 B까지 가는 사이클로이드의 작도를 보여주는데 요한 베르누이의 해와 비교해 보면 매우 단순해 보인다. 도대체 뉴톤 논문에는 해가 왜 사이클로이드인지에 대한 이유를 기술하지 않았다. 또한, 베르누이의 도전에 대한 어느 곳에도 뉴톤의 방법이 기록되어 있지 않다.

뉴톤은 아래의 문제부터 시작하였다.

무거운 입자가 주어진 점 A로부터 주어진 점 B까지 중력이 작용하면서 떨어지는 곡선 ADB를 구하여라.

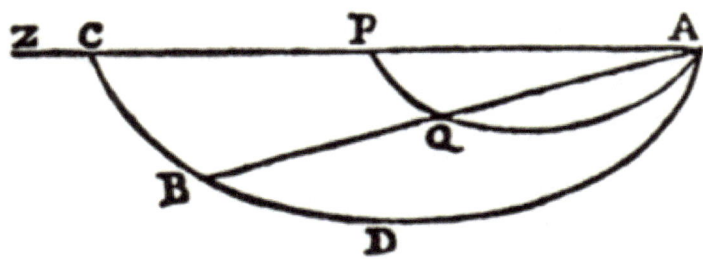

그림 13.7.1. 뉴턴의 사이클로이드 해 접근

주어진 점 A에서 수평선인 $APCZ$를 그리자. 그리고 선분 AB를 자르는 사이클로이드 곡선 AQP를 그리자. 잘라진 점을 Q라고 하자. 두 번째 사이클로이드 ABC라고 하고, 선분 AB와 선분 AQ의 비율처럼 높이의 비를 갖는다. 마지막 점 B를 통과하는 사이클로이드는 무거운 조각이 점 A로 부터 점 B까지 가장 빠르게 하강하면서 통과하는 곡선이다.

이 결론이 뉴턴 입장이다. 하지만, 그는 회전하는 곡면 문제에 대한 적분 함수와 이 문제 사이의 결정적인 한 가지를 알고 있음이 틀림이 없다. 뉴턴은 확실히 종속 변수의 미분 차이와 최솟값의 필요한 조건, 다시 말해,

$$\frac{\partial f}{\partial y'} = C \text{ (상수)} \tag{13.7.1}$$

을 확실히 알고 있었음을 알 수 있다. (식 13.7.1)의 1계 미분방정식으로 부터 쉽게 해를 구할 수 있는데 이 해가 사이클로이드이다.

뉴턴은 [그림 13.7.2.]에서 처럼 호이겐스의 명제 25 (Proposition XXV)를 보임으로써 증명을 하였다. 무거운 공이 정지해 있다가 직선 AB를 따라 굴러간 시간은 호 AVB를 따라 굴러간 시간은 직선 AC를 굴러간 시간과 같다.

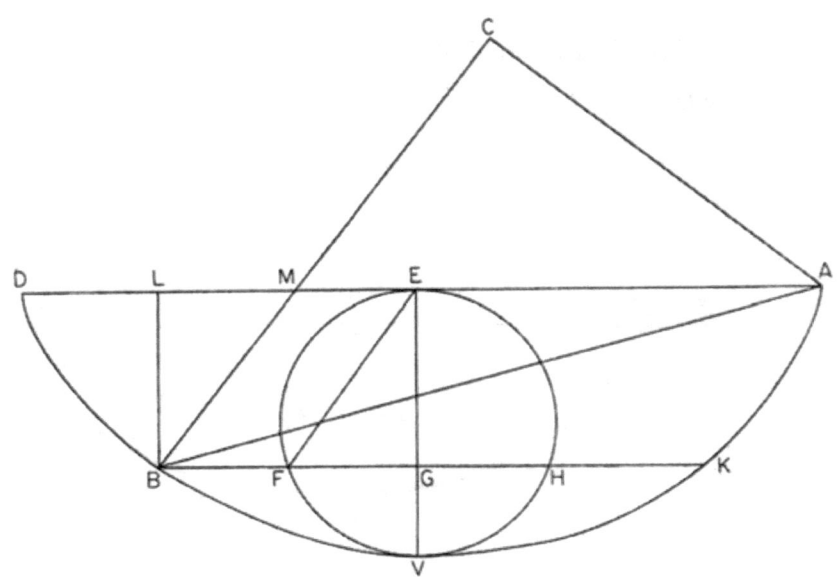

그림 13.7.2. 뉴턴의 사이클로이드 이론

최단 하강 곡선과 사이클로이드의 관계에 대한 사실 두 가지를 알 수 있다.

첫째로, 최단 하강 곡선의 경사각(즉 수직축으로부터 측정 각)은 어느 점에서든 속도의 같은 비율로 다르다.

$$\sin\theta = kv$$

(단, θ는 수직축으로부터 측정된 경사각이고, k는 상수, v는 자유 하강 속도이다. 갈릴레오 법칙에 의해서 속도 v는 높이의 제곱근에 비례한다.)

둘째로, [그림 13.7.3.]는 문제를 해결하는 보조 그림이다. 선분 GO은 원의 지름 mGK를 따라 수직으로 떨어지는 거리로 표현하고, 선분 OL은 수평선이라고 하면, 삼각형 LGK와 LGO가 닮음 삼각형으로부터, 선분 LG가 선분 GO에 제곱근임을 알 수 있다.

또한, 각 LKG를 θ라고 하고 원을 지름이 1이라고 하면, $\sin\theta$가 선분 LG이 됨을 알 수 있다. 그러면, 공이 각 LKG의 경사각으로 선분 GO만큼 떨어진 거리이면, 직선 LK가 순간에 변화하는 접선과 평행하다. 사이클로이드의 접선을 작도하였기 때문에, 사이클로이드라고 결론을 얻었다. 뉴턴은 올바른 사이클로이드를 선택하는 조건에 대한 것은 남겨 놓았다.

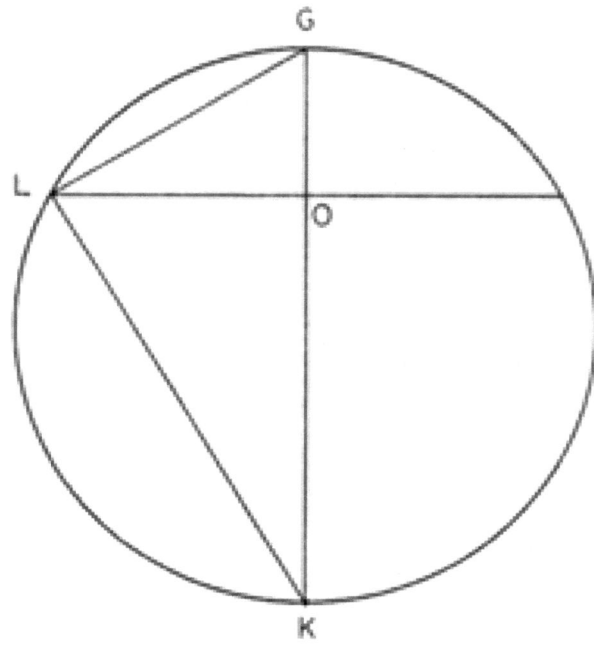

그림 13.7.3. 그래프 해

1696년에, 이미 문제를 풀긴 하였지만, 요한 베르누이는 최단 하강 곡선의 문제를 만들어 공개하였다. 아마도 뉴턴을 염두하고 만든 것 같다. 그 당시에 조폐국 국장으로 런던에서 근무하고 있었고, 수학은 잠시 접고 있었다. 그는 일하는 중간에 편지를 받았고, 편지를 개봉하지 않고 사람에 넣어두었다가 일을 마친 후 그 자리에서 즉시 문제를 풀기 시작하였다. 소문에 의하면 12시간 안에 문제를 풀었다고 한다. 뉴턴은 1685년에 균일한 유체에서 저항이 매우 적은 회전하는 물체에 대한 비슷한 문제를 수학적으로 다루었고 해를 가지고 있었다. 이 해는 프랑키피아(Principia)에서 볼 수 있다.

13.8. 데이비드 그레고리의 뉴턴 해에 대한 설명

제임스 그레고리 James Gtegory의 조카인 데이비드 그레고리 Davie Gregory의 뉴턴의 해에 대한 추가적인 설명을 하였다. 이에 대해서 논의해 보자.

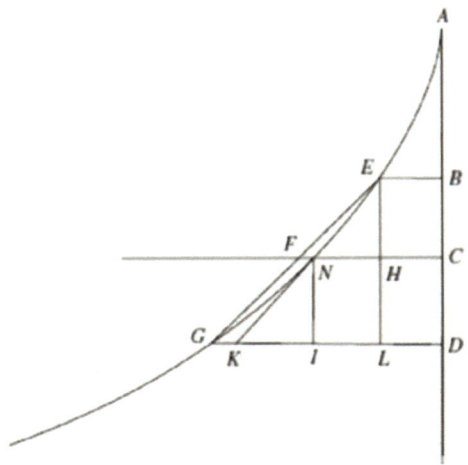

그림 13.8.1. 데이비드 그레로리이 뉴턴의 해

[그림 13.7.1]로 부터 그림을 다시 해석하여 [그림 13.8.1]의 그림을 그렸다. Whiteside의 해설을 기반으로 하여 전개를 하자. [그림 13.8.1.]에서

$$AB = x, \ o = BC = CD, \ BE = y \,(=y(x)) \tag{13.8.1}$$

이라고 하자. 그러면 테일러 급수 전개 (Taylor's expansion)에 의해서

$$CN = y(x+o) = y + \dot{y}o + \frac{1}{2}\ddot{y}o^2$$

$$DG = y(x+2o) = y + 2\dot{y}o + 2\ddot{y}o^2 \tag{13.8.2}$$

이다. 또한

$$HN = IK = \dot{y}o + \frac{1}{2}\ddot{y}o^2$$

$$IG = \dot{y}o + \frac{3}{2}\ddot{y}o^2 \tag{13.8.3}$$

$$LG = 2\dot{y}o + 2\ddot{y}o^2$$

이다. (단, $q = FN$, $2p = GL$)

점 E에서 점 G로 움직일 때, q의 변화의 최소가 되는 시간을 구하여야 한다. 이것을 시간으로 표현을 하면,

$$\frac{\sqrt{o^2 + (p-q)^2}}{\sqrt{x}} + \frac{\sqrt{o^2 + (p+q)^2}}{\sqrt{o+x}} = R + S$$

$$R^2 = \frac{o^2 + (p-q)^2}{x} \tag{13.8.4}$$

$$S^2 = \frac{o^2 + (p+q)^2}{o+x}$$

이다. 식 (13.8.4) 양변을 q에 대하여 미분하면,

$$2R\dot{R} = \frac{-2p\dot{q} + 2q\dot{q}}{x}$$

$$2S\dot{S} = \frac{2p\dot{q} + 2q\dot{q}}{x+o} \tag{13.8.5}$$

이다. 최솟값을 가지기 위한 조건은

$$\frac{-p\dot{q} + q\dot{q}}{Rx} + \frac{p\dot{q} + q\dot{q}}{S(x+o)} = 0$$

또는

$$\frac{(p-q)\sqrt{x}}{\sqrt{(p-q)^2 + o^2}} = \frac{(p+q)\sqrt{x+o}}{\sqrt{(p+q)^2 + o^2}} \tag{13.8.6}$$

이다. 조건 $\dfrac{p\sqrt{x}}{\sqrt{p^2 + o^2}}$이 상수이어야 하고 $\dfrac{o}{p} = \dfrac{\dot{x}}{\dot{y}}$이므로

$$\frac{\sqrt{x}}{\sqrt{1 + \left(\dfrac{\dot{x}}{\dot{y}}\right)^2}} = c \text{ (상수)}$$

또는

$$1 + \left(\frac{dx}{dy}\right)^2 = \frac{x}{c} \tag{13.8.7}$$

이다. 그러므로 식 (13.8.7)을 정리하면,

$$dy = \sqrt{\frac{x}{c-x}}\, dx \tag{13.8.8}$$

이다. 식 (13.8.8)의 미분방정식은 사이클로이드를 해를 갖는 미분방정식이다.

13.9. 베르누이 형제 1718년 논문의 해

카라테오도리(Carathéodory, 1873~1950 그리스계 독일 수학자)는 자신의 학위 논문에서 지적하였듯이, 처음으로 만족스럽고, 완전히 엄격한 변화 문제의 해는 요한 베르누이의 논문에서 다루었다고 하였다. 요한 베르누이 논문은 등주 문제 (ioperimetric problem)를 확실히 다루고 있으나, 논문의 마지막 부록 (addendum)같이 약간 할애하였다. 제목으로 "*Problème. De la plus vite descente resolue d'une manière direct et extraordinaire*"로 적혀 있고, 베르누이가 가장 빠른 하강 곡선이 확실히 사이클로이드라는 것을 간단히 증명을 보였다. 이 부록은 후에 장 이론 (field theory) 에 대해 짧게 소개가 되어있는데, 이런 관점의 이유로 1904년까지 주의를 받지 못하였다. 이렇게 하여 카라테오도리에 의해서 1718년 요한 베르누이의 논문의 충분조건을 찾았다는 것은 매우 놀라운 사실이다.

이제 요한 베르누이 논문을 따라가 보도록 하자.

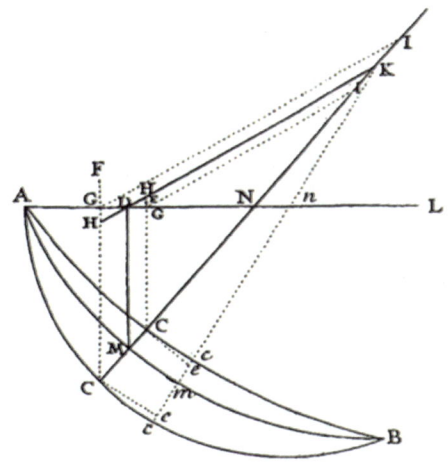

그림 13.9.1. 요한 베르누이 1718년에 실린 논문의 그림

요한 베르누이는 [그림 13.9.1.]에서 처럼 가장 빠른 하강 곡선 AMK의 위의 임의의 점 M과 점 M에서 곡선 AMK에 법선 위에 있으며 곡률의 중심 (centre of curvature)인 주어진 점 K가 있다고 하자. 선분 MK는 점 M에서 곡선 AMB의 곡률 반지름 (radius of curvatrue) 이다. 직선 MK와 수평선 AL이 만나는 점을 점 N이라고 하고, $NK = a$, $MN = \xi$이라 하자. 원의 중심은 K이고, 곡선 AMB에 근접한 어느 곡선 ACB와 점 M과 K를 지나는 직선과의 교점을 점 C라 하자. 그러면, 수직인 선분 MD를 그리고, 직선 KCM이 무한소 $d\theta$만큼 움직여서 직선 Kcm라 하고, 원의 호 Ce와 호 Mm만큼 움직였다. 이를 우리는 직선으로 움직였다고 가정을 하면, 다시 말해 경사면과 같이 움직였다고 하면,

$$p = \frac{MD}{MN}, \quad q = \frac{Mm}{MK} = \frac{Ce}{CK} \tag{13.9.1}$$

이다. 또한

$$Mm = qx + qa \tag{13.9.2}$$

이고, 곡선 AMK이 가장 빠른 하강 곡선이므로, 선분 Mm을 따라 하강하는 시간이 가장 짧고, 그 시간은 갈릴레이 원리에 의해서

$$\frac{q(x+a)}{\sqrt{px}} \tag{13.9.3}$$

이다. 미분에 의해서 확실히 x는 a로 $x = a$로 나타낼 수 있다. 그러면,

$$MK = \frac{Mm}{q} = x + a = 2a = 2MN \tag{13.9.4}$$

이다. 다시 말해, 점 N은 선분 MK의 중점이다. 그러나 이것은 또 다른 사이클로이드 표현이다.

이것을 좌표화해서 살펴보도록 하자. 수평선 좌표축을 x축으로, 수직축 좌표를 y라고 하고, 원의 반지름이 r인 원으로 하고 이 원이 시작점을 원점으로부터 시작해서 x위를 미끄럼 없이 굴러간다고 하자. 사이클로이드 매개변수 방정식으로 나타내면,

$$\begin{cases} x = r(\varphi - \sin\varphi) \\ y = r(1 - \cos\varphi) \end{cases} \tag{13.9.5}$$

이다. 식 (13.9.5)를 미분을 하여서 아래와 같이

$$\frac{dy}{dx} = \cot\frac{\varphi}{2}, \quad \frac{ds}{d\varphi} = 2a\sin\frac{\varphi}{2} \tag{13.9.6}$$

을 얻을 수 있다. 따라서 [그림 13.9.1.]에서

$$MK = y\frac{ds}{dx} \quad (s는 곡선의 호 길이이다.) \tag{13.9.7}$$

곡률의 역수인 곡률 반지름은 $\frac{ds}{d\theta}$이다. (단, $\theta = \tan^{-1}\frac{dy}{dx}$이다.)

그리고

$$\cot\frac{\varphi}{2} = \frac{dy}{dx} = \tan\theta \tag{13.9.8}$$

이어서 우리는

$$\theta = \frac{\pi}{2} - \frac{\varphi}{2}, \quad \frac{ds}{d\theta} = 2\frac{ds}{d\varphi} \tag{13.9.9}$$

이다. 다시 말해,

$$MK = 2MK \tag{13.9.10}$$

이다. 이것은 확실히 사이클로이드의 표현이다.

요한 베르누이 증명은 사이클로이드가 실제로 최단 하강 곡선의 최소 시간을 증명하였다. 이 논쟁은 확실히 기하학적인 증명으로, [그림 13.9.1]를 이용하였다.

선분 CG와 MD는 선분 AL에 수직이고 선분 GL과 GI는 선분 DK에 평행하다. 또한, 선분 DK를 늘린 직선과 CG의 교점을 점 H라고 하자. 또한

$$\frac{MD}{CH} = \frac{CH}{CF} \tag{13.9.11}$$

를 만족하는 점 F를 선택하자. 그러면, Mm을 따라 떨어지는 시간에 의해서

$$t_{Mm} \propto \frac{Mm}{v_m} \propto \frac{Mm}{\sqrt{MD}} \tag{13.9.12}$$

이다. (단, $\propto$는 '비례'의 기호이다.)

같은 방법으로 $CH = \sqrt{CF \cdot MD}$ (13.9.13)

인 점 F를 선택하자. 그러면 삼각형의 합동에 의해서

$$\frac{Mm}{Ce} = \frac{MK}{CK} = \frac{MD}{CH} = \sqrt{\frac{MD}{CF}} \tag{13.9.14}$$

이다. Mm과 Ce을 따라 떨어지는 시간의 비에 의해서

$$\frac{Mm}{Ce} \cdot \sqrt{\frac{CG}{MD}} = \sqrt{\frac{MD}{CF}} \cdot \sqrt{\frac{CG}{MD}} = \sqrt{\frac{CG}{CF}} \qquad (13.9.15)$$

이다.

$\frac{CG}{CF} < 1$임을 보이기 위해서는 곡선 AMB가 사이클로이드이므로 $MN = NK$임을 명심하여 증명하여야 한다. 삼각형 닮음에 의해서

$$\frac{CN}{MN} = \frac{GN}{DN} = \frac{NI}{NK} \qquad (13.9.16)$$

이다. 이어서

$$CN = NI \qquad (13.9.17)$$

이다. 그러므로

$$CN^2 + NK^2 > 2CN \times NK$$
$$(CN + NK)^2 > 4CN \times NK = CI \times MK \qquad (13.9.18)$$

이다. 따라서

$$CK^2 > CI \times MK \qquad (13.9.19)$$

이다. 이것은

$$\frac{MK}{CK} < \frac{CK}{CI} \qquad (13.9.20)$$

이다. 또한

$$\frac{MK}{CK} = \frac{MD}{CH} = \frac{CH}{CF} \qquad (13.9.21)$$

이어서

$$\frac{CH}{CF} < \frac{CH}{CG} \text{ 또는 } CG < CF \qquad (13.9.22)$$

이다.

이것으로 요한 베르누이는 $\frac{CG}{CF} < 1$임을 보였다. 따라서 곡선 Cc를 따라가는 것처럼 Ce를 따라가는 내려가는 시간보다 사이클로이드의 Mm을 따라 하강하는 곡선의 시간이 더 적게 걸린다는 의미이다. 따라서 이것은 곡선 Cc를 따라가는 내려가는 하강 곡선의 시간보다 사이클로이드 곡선 Mm을 따라 하강하며 내려가는 시간이 더 짧다.

13.10. 베르누이 형제 1718년 논문의 해의 해석학적 해석

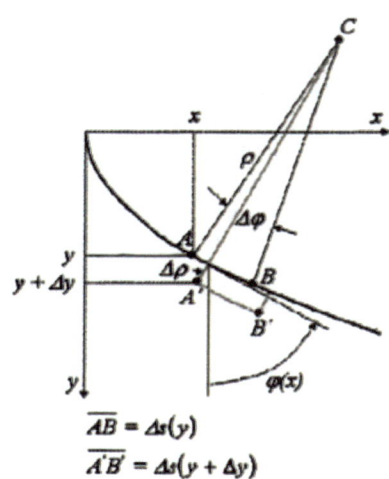

그림 13.10.1. 요한 베르누이 1718년 두 번째 해의 해석학적 분석

[그림 13.10.1.]의 미세한 곡률 반지름의 변화 $\rho + \Delta\rho$에 대한 근방 해에 의해서

$$\frac{A'B}{\sqrt{y(A')}} = \frac{(\rho + \Delta\rho)\Delta\varphi}{\sqrt{y + \Delta y}} = \frac{\rho\Delta\rho}{y}\left(1 - \frac{1}{2}\frac{\Delta y}{y} + \cdots\right)\Delta\varphi \tag{13.10.1}$$

으로 나타낼 수 있고, $\Delta y = \Delta\rho \sin\varphi$ 이어서

$$\frac{A'B}{\sqrt{y(A')}} - \frac{AB}{\sqrt{y(A)}} = \frac{(\rho + \Delta\rho)\Delta\varphi}{\sqrt{y + \Delta y}} - \frac{\rho\Delta\varphi}{\sqrt{y}} = \frac{1}{y}\left(1 - \frac{\varphi \cdot \sin\alpha}{2y} + \cdots\right)\Delta\rho\Delta\varphi \tag{13.10.2}$$

이다. 두 곡선의 시간 차이를 Δt는

$$\Delta t = \frac{\Delta s(y + \Delta y)}{v(y + \Delta y)} - \frac{\Delta s(y)}{v(y)} \tag{13.10.3}$$

이고, $A \to A'$, $B \to B'$으로 접근시킨다. 그러면 $v(y) = \sqrt{2gy}$ 이어서 식 (13.10.3)에 대입을 하면,

$$\Delta t = \frac{1}{\sqrt{2g}}\left(\frac{\Delta s(y + \Delta y)}{\sqrt{y + \Delta y}} - \frac{\Delta s(y)}{\sqrt{y}}\right) \tag{13.10.4}$$

이다. 최소 시간의 합의 초기 조건은

$$t = \min_y(y) \to \Delta t_{\Delta \to 0} = 0 \tag{13.10.5}$$

이다. 식 (13.10.2)과 (13.10.3)을 비교하면 초기 조건식 (13.10.5)를

$$1 - \frac{\rho \sin\varphi}{2y} = 0 \text{ 또는 } \rho = \frac{2y}{\sin\varphi} \tag{13.10.6}$$

과 같이 나타낼 수 있다.

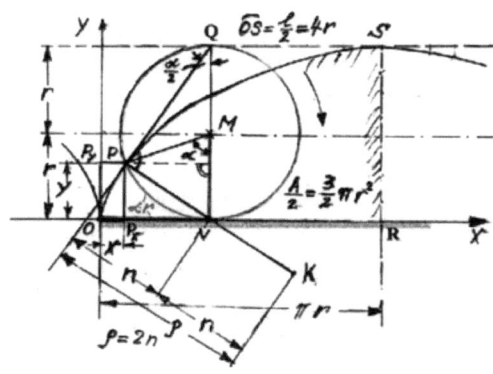

그림 13.10.2. 사이클로이드

[그림 13.10.2.]으로 부터 점 P에서 n의 값을 구하면,

$$n = \frac{y}{\sin\left(\frac{\alpha}{2}\right)} \tag{13.10.7}$$

이고, 곡률 반지름은

$$\rho = 2n = \frac{2y}{\sin\left(\frac{\alpha}{2}\right)} \tag{13.10.8}$$

이다. [그림 13.10.1.]에서 접선의 각 φ는 [그림 13.10.2.]에서 중심각 α와의 관계는

$$\varphi = \frac{\alpha}{2} \tag{13.10.9}$$

이다. 식 (13.10.6)의 초기 조건은

$$t = (\text{시작}) \leftrightarrow \rho = 2n \tag{13.10.10}$$

을 유도 할 수 있다.

이것은 사이클로이드의 특별한 성질이다. 그러므로 베르누이 형제의 두 번째 논문의 해가 사이클로이드임을 알 수 있다.

13.11. 최단하강곡선 해의 역사 이야기

1696년은 변화량을 계산하는 미분적분학의 탄생이다. 그때에는 늘 그렇듯이, 스위스 수학자 요한 베르누이, 라이프니츠의 가장 친한 친구들과 추종자들은 1696년 6월에 이 새로운 문제를 풀기를 원하는 수학자들을 초청한 Acta Eruditorum(학자들의 모임 학회) 에선 도발적인 수학 경시 문제를 발표하였다.

> 수직 평면의 두 점 A와 B가 있다. 점 M이 점 A에서 출발하여 점 B까지 곡선 AMB를 따라서 자유낙하 할 때 최단 시간으로 하강하는 경로를 구하시오.

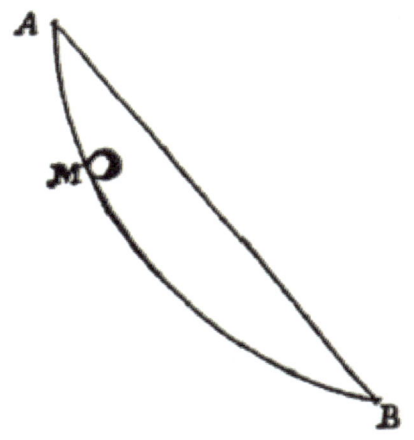

그림 13.11.1. 최단하강곡선 문제

'그런 것들에 미쳐있는 사람들'[14])에게 희망을 주기 위해서 베르누이는 역학적으로 또는 다른 과학적 접근하는 것이 문제를 푸는데 유용하다는 것을 강조하였다. 그리고 '찾고자

---

14) harum rerum amatores(라틴어)

하는 곡선은 직선은 아니고 기하학자들에게 잘 알려진 곡선이다.'라고 덧붙였다. 베르누이는 아무도 기간 내에 풀지 못하면, 연말까지 풀기를 원하였다. 또한, 베르누이는 그의 문제가 갈릴레오의 일반화된 풀이를 염두에 두지 않고 관련된 문제를 다루었음을 알지 못하고 그의 경시 문제를 공표하였다. 그리고 또한 베르누이는 그의 경시 문제가 수학사에서 가장 유명하고 우선순위에 있는 논쟁의 하나를 다루고 있음을 알지 못하였다.

또한, 베르루이는 라이프니츠에게 1696년 6월 19일의 개인 편지에 문제를 언급하였고, "이 문제를 혼자 힘으로 풀 수 있겠는가?"라고 질문을 하였다. 그는 이 편지를 네델란드 호르딩겔15)로 속달 우편으로 부쳤다. 라이프니츠는 하노버16)로부터 편지를 받은지 6월 26일 단지 일주일만에 문제의 올바른 답을 구해 베르누이에게 편지를 부쳤다. 라이프니츠는 이 곡선의 이름을 "tachystoptota(가장 빠른 하강곡선)"이라 하자고 제안하였다. 또한, 이 문제는 정말 가장 아름다운 문제이고, 이브의 사과처럼 아름다워서 나의 의지와 대답하기에 주저하게 하였던 불리한 상황에도 나의 마음을 이끌게 한 문제라고 공헌하였다. 라이프니츠는 올바른 미분방정식을 추론하였으나, 베르누이가 7월 31일에 그의 답에 대한 것을 알려주기까지 이 문제의 곡선이 사이클로이드라는 것을 유도해내는 것에는 실패하였다. 베르누이는 라이프니츠에게 그가 참고될 만하고 행복해할 만한 첨부된 엄청난 참고문헌으로부터 다시 시작하라고 하였다. 그는 라이프니츠에게 준 사과(라이프니츠에게 준 참고문헌)는 뱀처럼 간주되지 않는다고 생각하였다. 틀림없이 라이프니츠가 이 문제의 해답의 곡선이 호이겐스가 보인 등시곡선 성질을 갖는 사이클로이드라는 것을 듣고 확실히 행복하였다. 그 이유 때문인지 베르누이는 brachystochrona(최단하강곡선)의 이름으로 명명하였고, 라이프니츠는 베르누이의 표현에 동의하였다.

6월 28일에, 베르누이는 보기 드물게 아름다운 문제를 이탈리아 수학자들에게 이 문제를 푸는데 격려하기 위해서 피렌체17)에 있는 Rudolf Christian von Bodenhausen 대학에 전달하였다. 스위스에 있는 야곱 베르누이와 프랑스에 있는 피에르 바리그논(Pierre Varignon)에게도 알려주었다. 요한 베르누이는 야곱 베르누이에게는 1697년 6월까지 마감시한을 연장해주었다. 그 이유는 1696년 늦은 가을에 요한 베르누이와 그 형 야곱 베르누이는 독자적으로 3가지의 방법으로 해를 구하였기 때문이다. 요한 베르누이는 1697년 부활절까지 그

---

15) 네델란드 동북부의 도시
16) 독일 지명
17) 이탈리아 지명

자신의 해를 숨기었고, Acta Eruditorum 의 10월 안건에서 새로운 해를 발표하는 것에 동의하였다. 그밖에 그는 1697년 1월에 해를 낱장 인쇄본(leaflet)으로 작성하였다.

　Acta Eruditorum의 1697년 5월 이슈는 현수선(catenary)과 최단하강곡선(brachistochrone) 문제의 라이프니츠에 의해서 쓰여진 역사적 서두문을 포함하고 있다. 그래서 요한과 야곱 베르누이, 로피탈(Marquisde l'Hospital), 에렌프리트 발터폰 치른아루스(Ehrenfried Walther von Tschirnhaus)[18] 그리고 뉴턴(Isaac Newton) 5명에 의해 올바른 해가 출판되었고, 뉴턴의 이름은 추후 추가로 인쇄되었다. 그것도 그럴 것이 뉴턴은 그의 이름을 밝히지 않았다. 그러나 답을 받은 편지에서 요한 베르누이는 "사자의 발톱으로 부터(ex ungue leonem)"라는 문구에서 뉴턴임을 알았다. 베르누이는 뉴턴에게도 공개 문제를 편지로 알렸는데, 뉴턴으로 부터 해를 받지를 못해서 문제 풀이 해의 답의 기한을 연장하였다. 그리고 답장이 오긴 왔는데 이름도 서명도 없이 왔으나 뉴턴에게서 온 것임을 베르누이는 알았다. 뉴턴은 이 문제를 받을 당시 조폐청의 국장으로 재직하고 있었고, 편지는 오후에 받아 보았으나 책상 서랍에 넣어두고 일이 끝난 후에 저녁부터 문제를 풀기 시작하여 다음 날 새벽녘에 문제의 해를 구하였다.

　라이프니츠는 그의 논문에 '토론할 가치가 있다.'라는 문장을 서술하였다. 우선 갈릴레오가 일찍이 현수선과 올바른 해를 발견하지 못한 최단하강곡선도 연구하였다고 주장하였다. 라이프니츠는 포물선이 현수선이 아니고, 원의 호가 최단하강곡선이 아니라는 것을 밝혔다. 유감스럽게도 요한 베르누이는 라이프니츠의 주장에 대해 연구가 필요하다고 하였고, 1697년 6월에 다시 다루자고 하였다. 첫 번째와 두 번째 주장 현실에서 모두 참이다. 갈릴레오가 그의 저서 <Discorsi>에서 주장한 것은 무엇인가? 갈릴레오는 포물선과 현수선은 같다는 것을 당연시하였다. 또한, 가장 빠르게 하강하는 곡선, 즉 최단하강곡선을 발견하지도 못했고 그것인지도 알지 못했다. 이런 일반적인 문제는 아직도 그 당시의 수학자들(갈릴레오가 있었던 시대의 수학자들)의 수학적 지식을 넘어선다.

　라이프니츠는 그가 최단하강곡선의 문제를 푼 몇 안 되는 수학자들은, 다시 말해 미분학의 신비스러운 부분에 능통한 사람들은, 뉴턴이 그 문제를 풀 수 있다고 추측하였다. 라이프니츠는 요한 베르누이의 형 요셉 베르누이 그리고 로피탈, 만약 살아 있다면 호이겐스, 소일거리로 하는 것을 포기하지 않았다면 Hudde도, 문제를 푸는 수고를 아끼지 않았다면

---

[18] 수학자 겸 물리학자

뉴톤이 해를 구하였을 것이라 예상하였다. 이 이야기는 뉴톤이 그의 해에서 미분을 사용하였다는 것이 분명하므로 부주의하게 기록됐다. 비록 라이프니츠가 이러한 주장을 하고 싶지 않았겠지만, 이것은 1697년에 확실히, 라이프니츠의 주장이 어떠한 방법으로든 해석될 수 있었다. 이 주장의 해석의 선택은 이것을 읽는 독자들의 몫이다.

프랑스 이민자인 Nicolas Fatio de Duillier는 뉴톤의 매우 가까운 추종자였다. Fatios는 최단하강곡선 문제를 접한 독자들이 라이프니츠를 언급하지 않는 것에 대해 매우 불쾌하게 생각하였다. 1699년 최단하강곡선의 장문의 해석적 방법으로 출판되었다. 그는 라이프니츠의 수학적인 독창성을 주장하였고, 라이프니츠가 미적분학의 두 번째 발견자라는 것에 비난을 받았다. Fatio의 출판물은 미적분의 발견자에 대한 옥신각신하는 계기가 되었다. 그러나 이것은 또 다른 이야기이다.

요한 베르누이는 뉴톤이 미분을 알고 있는지 테스트하고자 사이클로이드가 해인 최단하강곡선문제의 공개 문제를 내게 되었다. 베르누이 형제 또한 이 사이클로이드 곡선 때문에 불화가 있었다. 원래 야곱 베르누이가 먼저 최단 하강 곡선의 해가 사이클로이드임을 해설적으로 증명을 하였고, 요한 베르누이는 직관적으로 접근하였고, 야곱 베르누이의 식을 일부 도용을 하였다. 그래서 야곱 베르누이가 화를 내었고 두 형제사이가 안 좋아지게 되었다. 야곱 베르누이가 죽을 때까지 화해를 못 했으니 역시 사이클로이드는 '불화의 사과'라 불릴 만 하다.

14장 오일러-라그랑쥬 방정식을 이용한 일반화 해법

14.1. 오일러-라그랑주 방정식이란

오일러-라그랑주 방정식(Euler-Lagrange equation)은, 어떤 함수와 그 도함수에 의존하는 범함수의 극대화 및 정류화 문제를 다루는 미분방정식이다. 변분법의 기본 정리의 하나이자, 라그랑주 역학에서 근본적인 역할을 한다. 직관적으로, 오일러-라그랑주 방정식은 범함수의 정류점 근처에는 아주 약간 곡선의 모양을 바꾸면 범함수의 값이 바뀌지 않는다는 점을 이용한다. 이는 초급 미적분학에서 미분 가능한 함수가 최대, 최소점에서 기울기가 0이라는 정리를 확장한 것이다. 물리학적 관점에서는, 오일러-라그랑주 방정식은 정류점(stationary point)으로 기술된 해밀턴 원리를 구체적으로 구현하는 역할을 한다. 해석역학에서 근원적인 위치를 차지하는 해밀턴 원리는, 물체의 궤적이 작용의 정류점이라고 가정한다. 이를 뉴턴 역학과 대응시키려면 운동방정식을 찾아야 하는데, 오일러-라그랑주 방정식이 이 운동방정식의 역할을 한다. 오일러-라그랑주 방정식은 1744년 오일러가 처음으로 유도한 방정식이다.

오일러-라그랑주 방정식은 아래와 같다.

함수 $F(\alpha, \beta, \gamma)$로 정의되고, $S = \{x \in C^1[a,b] | x(a) = y_a, x(b) = y_b\}$ 이라고 하면,

$$\text{함수 } I: S \to \mathrm{R} \text{은 } I(x) = \int_a^b F(x(t), x'(t), t) dt \tag{14.1.1}$$

으로 정의한다. 이때, 함수 I가 $x_0 \in S$에서 극값을 가지면, x_0는 오일러-라그랑주

$$\text{방정식 } \frac{\partial F}{\partial \alpha}(x_0(t), x_0'(t), t) - \frac{d}{dt}\left(\frac{\partial F}{\partial \beta}(x_0(t), x_0'(t), t)\right) = 0 \ (t \in [a, b]) \tag{14.1.2}$$

을 만족한다.

14.2. 오일러-라그랑주 방정식 증명

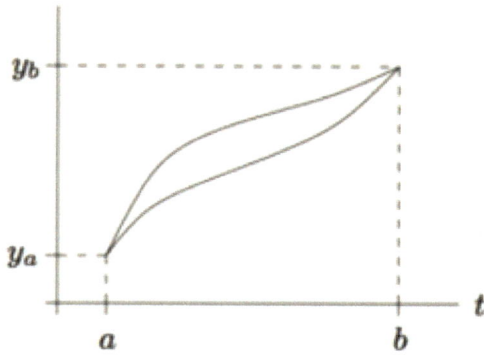

그림 14.2.1. 두 고정점에서의 가능한 경로

증명이 길어서 4단계로 나누어서 증명하려고 한다.

1단계. 우선 $y_a = 0 = y_b$이 아니한 집합 S는 벡터 공간이 아니다. 새로운 선형 공간 X를 정의하고, 함수 I의 항들로 정의된 새로운 함수 $\tilde{I}: X \to \mathbb{R}$를 정의하자.

선형 공간 X는
$$X = \{x \in C^1[a, b] | x(a) = x(b) = 0\}$$
으로 $C^1[a, b]$로 부터 노름 (norm)이 유도된 공간이다. 그러면, 모든 $h \in X$에 대하여 $x_0 + h$는
$$(x_0 + h)(a) = y_a \text{와 } (x_0 + h)(b) = y_b$$
를 만족한다. 모든 $h \in X$에 대하여 $\tilde{I} = I(x_0 + h)$로 정의되고, 함수 $\tilde{I}: X \to \mathbb{R}$는 0에서 극값을 갖는다. 그러므로 $D\tilde{I}(0) = 0$이다.

2단계. $D\tilde{I}(0) = 0$를 계산을 하여 보자.

$$\tilde{I}(h) - \tilde{I}(0) = \int_a^b F((x_0+h)(t), (x_0+h)'(t), t)dt - \int_a^b F(x_0(t), x_0'(t), t)dt$$
$$= \int_a^b [F(x_0(t) + h(t), x_0'(t) + h'(t), t)dt - F(x_0(t), x_0'(t), t)]dt \quad (14.2.1)$$

테일러 급수에 의해서, 함수 F가 $\mathbf{R}^3$에서 중심이 $(\alpha_0, \beta_0, \gamma_0)$이고 반지름이 r인 공 B에서 이계 편미분을 갖는다고 하면, 모든 $(\alpha, \beta, \gamma) \in B$에 대하여 $\theta \in [0, 1]$이 존재해서

$$F(\alpha, \beta, \gamma) = F(\alpha_0, \beta_0, \gamma_0) + \left((\alpha-\alpha_0)\frac{\partial}{\partial \alpha} + (\beta-\beta_0)\frac{\partial}{\partial \beta} + (\gamma-\gamma_0)\frac{\partial}{\partial \gamma}\right) F \Big|_{(\alpha_0, \beta_0, \gamma_0)}$$
$$+ \frac{1}{2}\left((\alpha-\alpha_0)\frac{\partial}{\partial \alpha} + (\beta-\beta_0)\frac{\partial}{\partial \beta} + (\gamma-\gamma_0)\frac{\partial}{\partial \gamma}\right)^2 F \Big|_{(\alpha_0, \beta_0, \gamma_0) + \theta((\alpha, \beta, \gamma) - (\alpha_0, \beta_0, \gamma_0))} \quad (14.2.2)$$

을 만족한다. 그러므로 $h \in X$의 노름 $\|h\|$는 충분히 작기 때문에,

$$\tilde{I}(h) - \tilde{I}(0) = \int_a^b \left[\frac{\partial F}{\partial \alpha}(x_0(t), x_0'(t), t)h(t) + \frac{\partial F}{\partial \beta}(x_0(t), x_0'(t), t)h(t)\right]dt$$
$$+ \frac{1}{2!}\int_a^b \left(h(t)\frac{\partial}{\partial \alpha} + h'(t)\frac{\partial}{\partial \beta}\right)^2 F \Big|_{(x_0(t)+\theta(t)h(t), x_0'(t)+\theta(t)h'(t), t)} dt \quad (14.2.3)$$

이다.

$$\left|\frac{1}{2!}\int_a^b \left(h(t)\frac{\partial}{\partial \alpha} + h'(t)\frac{\partial}{\partial \beta}\right)^2 F \Big|_{(x_0(t)+\theta(t)h(t), x_0'(t)+\theta(t)h'(t), t)} dt\right| \leq M\|h\| \quad (14.2.4)$$

을 만족하는 $M > 0$이 존재한다. 그리고 $D\tilde{I}(0)$의 사상은

$$h \mapsto \int_a^b \left[\frac{\partial F}{\partial \alpha}(x_0(t), x_0'(t), t)h(t) + \frac{\partial F}{\partial \beta}(x_0(t), x_0'(t), t)h(t)\right]dt \quad (14.2.5)$$

이다.

3단계. 다음 단계로 식 (14.2.5)의 사상이 제로 사상임을 보여야 식 (14.1.2)가 성립을 한다.

$$A(t) = \int_a^b \frac{\partial F}{\partial \alpha}(x_0(\tau), x_0'(\tau), \tau)d\tau \quad (14.2.6)$$

이라고 정의하자. 부분적분을 하여 보자.

$$A(t) = \int_a^b \frac{\partial F}{\partial \alpha}(x_0(\tau), x_0'(\tau), \tau)d\tau = -\int_a^b A(t)h'(t)dt \quad (14.2.7)$$

이고 식 (14.2.5)으로 부터 모든 $h \in X$에 대하여

$$\int_a^b \left[-A(t) + \frac{\partial F}{\partial \beta}(x_0(t), x_0'(t), t) \right] h(t) dt = 0 \qquad (14.2.8)$$

이어서 $D\tilde{I}(0) = 0$이다.

4단계. 마지막으로 모든 $t \in [a, b]$인 t에 대하여 식 (14.2.8)을 미분을 하면 식 (14.1.2)

$$-A(t) + \frac{\partial F}{\partial \beta}(x_0(t), x_0'(t), t) = k$$

이 유도된다.

14.3. 오일러-라그랑주 방정식을 이용한 최단하강곡선의 해

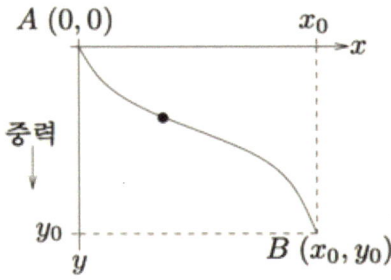

그림 14.3.1. 최단하강곡선 문제

[그림 14.3.1.]처럼 점 $A(0,0)$에서 $B(x_0, y_0)$까지 최단 곡선을 구하여 보자. 운동에너지와 위치에너지가 같으므로

$$\frac{1}{2}mv^2 = mgy \qquad (14.3.1)$$

이다. 또한 $y=0$에서는 위치에너지가 0이고 속도는 v는 $v = \dfrac{ds}{dt} = \sqrt{2gy}$ 이다. 또한, 근사적으로 $ds = \sqrt{dx^2 + dy^2}$ 이다. 그러므로 최단하강곡선의 시간 T는

$$T = \int_C \frac{ds}{\sqrt{2gy}} = \frac{1}{\sqrt{2g}} \int_0^{y_0} \sqrt{\frac{1 + \left(\dfrac{dx}{dy}\right)^2}{y}} \, dy \qquad (14.3.2)$$

이다. 시간 T를 최솟값을 갖는 $x(0)=0$ 그리고 $x(y_0)=x_0$인 곡선 경로 $\{x(y)|y\in[0, y_0]\}$를 찾기 위해서는 함수 $I: S \to \mathbb{R}$을 최소화하여야 한다.

$$I(x) = \frac{1}{\sqrt{2g}} \int_0^{y_0} \sqrt{\frac{1+x'(y)}{y}} \, dy, \quad x \in S \tag{14.3.3}$$

이다. (단, $S = \{x \in C^1[0, y_0] \mid x(0) = 0, \ x(y_0) = x_0\}$)

그러면, $F(\alpha, \beta, \gamma) = \sqrt{\dfrac{1+\beta^2}{\gamma}}$ 는 α에 독립이고 오일러-라그랑주 방정식에 적용하면,

$$\frac{d}{dy}\left(\frac{x'(y)}{\sqrt{1+(x'(y))^2}} \cdot \frac{1}{\sqrt{y}} \right) = 0 \tag{14.3.4}$$

이다. 식 (14.3.4)의 양변을 y에 대하여 적분을 하면

$$\frac{x'(y)}{\sqrt{1+(x'(y))^2}} \cdot \frac{1}{\sqrt{y}} = C \quad (\text{단, } C\text{는 적분 상수}) \tag{14.3.5}$$

을 얻는다. 식 (14.3.5)의 양변을 제곱하여 정리하면,

$$(x'(t))^2 = \frac{C^2 y}{1 - c^2 y}$$

$$x = \int \sqrt{\frac{C^2 y}{1 - C^2 y}} \, dy \tag{14.3.6}$$

이다. 이때, 식 (14.3.6)을 적분하기 위해서는

$$y = \frac{1}{2C^2}(1 - \cos\theta) \tag{14.3.7}$$

로 치환을 하여 적분을 하면,

$$x = \frac{1}{2C^2}(\theta - \sin\theta) \tag{14.3.8}$$

이다. 식 (14.3.7)과 (14.3.8)은 사이클로이드 매개변수 방정식이다.

PART 03

사이클로이드의 다양한 성질

CYCLOID

15장 미적분학을 이용한 사이클로이드 성질

II 부에서는 역사적으로 사이클로이드를 살펴보았다. 이제 III 부에서는 현대에 사용되는 미적분학을 이용하여 사이클로이드에 대한 성질을 살펴보자.

15.1. 해석 기하학적 사이클로이드 정의

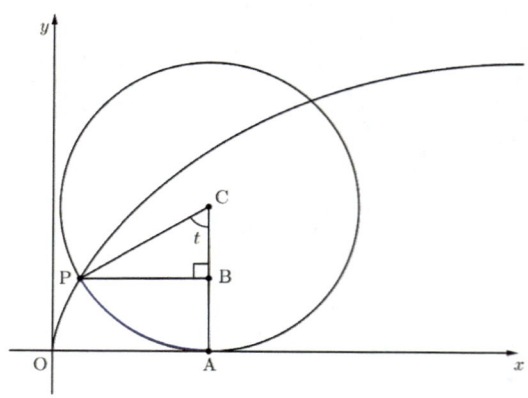

그림 15.1.1. 사이클로이드 해석학적 분석

[그림 15.1.1]에서 보듯이 해석기하학을 적용하여 사이클로이드 곡선을 분해하여 보자. 원의 한 점 P를 원점부터 시작하여 수평선을 미끄러지지 않게 t 만큼 회전을 하였다고 하자. 그러면 원이 수평선을 굴러간 길이는 $\widehat{PA}$ 이고 $\overline{OA}$와 같다. 그러므로

$$\overline{OA} = \widehat{PA} = rt \tag{15.1.1}$$

이다. 이것을 바탕으로 각 점들을 나타내어 보자. $A(rt, 0)$이고, $C(rt, r)$이다. 점 B의 x성분은 rt이고 y성분은 $r - r\cos t = r(1-\cos t)$이다. 따라서 점 P의 x성분은

$$\overline{OA} - \overline{PB} = rt - r\sin t = r(t - \sin t)$$

이고 y성분은

$$r - r\cos t = r(1 - \cos t)$$

이다. 따라서

$$B(rt,\ r(1-\cos t)),\ \ P(r(t-\sin t),\ r(1-\cos t)) \tag{15.1.2}$$

이다. 따라서 사이클로이드 곡선의 매개변수 방정식은 아래와 같다.

$$\begin{cases} x = r(t-\sin t) \\ y = r(1-\cos t) \end{cases} \tag{15.1.3}$$

여기서 t를 소거를 하면,

$$x = r\cos^{-2}\left(1-\frac{y}{r}\right) - \sqrt{y(2r-y)} \tag{15.1.4}$$

이다. (단, $0 \leq t \leq 2\pi$)

그리고 사이클로이드를 미분방정식의 형태로 표현을 하면,

$$\left(\frac{dy}{dx}\right)^2 = \frac{2r}{y} - 1$$

이다. 사이클로이드는 최단하강곡선이기도 하고 등시곡선이기도 하다. 이를 실험으로 설명할 수 있는데 [그림 15.1.2]은 사이클로이드의 최단하강곡선을 실험하는 장치와 등시고선 성질을 실험하는 장치인데 독일 기센의 마테마티쿰 수학 박물관에서 실험할 수 있다.

그림 15.1.2. 사이클로이드의 최단하강곡선 실험(후면), 등시곡선 성질 실험(전면) 장치
(독일 기센, 마테마티쿰)

15.2. 사이클로이드 구적

사이클로이드의 매개변수 방정식이
$$\begin{cases} x = r(t-\sin t) \\ y = r(1-\cos t) \end{cases} \text{(단, } 0 \leq x \leq 2\pi) \tag{15.2.1}$$
이다. 면적을 S라고 하면, 적분을 이용하여
$$S = \int_0^{2\pi r} y dx \tag{15.2.2}$$
이다. 이를 매개변수 t로 치환을 하여 적분하여야 한다. 각 매개변수에 대한 미분을 하여 보면,
$$dx = r(1-\cos t)dt, \ dy = r\sin t dt \tag{15.2.3}$$
이어서
$$S = \int_0^{2pr} y dx = r^2 \int_0^{2\pi} (1-\cos t)^2 dt$$
$$= r^2 \times 3\pi = 3\pi r^2 = \text{(원의 면적의 3배)} \tag{15.2.4}$$
이다.
그린 정리(Green's Theorem)를 이용하여 증명할 수도 있다.

그린 정리란 $P(x,y)$와 $Q(x,y)$가 1계 미분가능하고 연속인 함수라고 하면,
$$\oint_C Pdx + qdy = \iint_R \left(\frac{\partial Q}{\partial x} - \frac{\partial P}{\partial y}\right) dA$$
이 성립한다. (단, 폐곡선 C의 양의 방향을 따라 적분을 한다.)
또한, 영역 R의 넓이 A는
$$A = \frac{1}{2}\oint_C (-y)dx + xdy = -\oint ydx = \oint xdy$$
이다.
곡선 C를 반대 방향인 C_1과 양의 방향 C_2의 두 부분으로 나눌 수 있다. 여기서 곡선 C_1, C_2는

$$C_1 : x = r(t-\sin t),\ y = r(1-\cos t) \text{ (단, } 0 \le t \le 2\pi)$$
$$C_2 : x = t,\ y = 0 \text{ (단, } 0 \le t \le 2\pi r) \tag{15.2.5}$$

으로 하여 사이클로이드 넓이를 구하면 넓이 A는

$$A = \oint x\,dy = -\int_0^{2\pi}(r(1-\sin t))(\sin t)dt + \int_0^{2\pi r} 0\,dt = 3\pi r \tag{15.2.6}$$

이다.

15.3. 사이클로이드 호 길이

사이클로이드의 매개변수 방정식이

$$\begin{cases} x = r(t-\sin t) \\ y = r(1-\cos t) \end{cases} \text{ (단, } 0 \le x \le 2\pi) \tag{15.3.1}$$

이다. 매개변수 방정식의 곡선의 길이 l은

$$l = \int_0^{2\pi} \sqrt{\left(\frac{dx}{dt}\right)^2 + \left(\frac{dy}{dt}\right)^2}\,dt \tag{15.3.2}$$

이다. 또한

$$dx = r(1-\cos t)dt,\ dy = r\sin t\,dt \tag{15.3.3}$$

이므로 곡선 길이를 대하여 계산을 하면,

$$\begin{aligned} l &= \int_0^{2\pi} \sqrt{\left(\frac{dx}{dt}\right)^2 + \left(\frac{dy}{dt}\right)^2}\,dt \\ &= \int_0^{2\pi} r\sqrt{2-2\cos t}\,dt \\ &= \int_0^{2\pi} 2r\sin\frac{t}{2}\,dt = 8r \end{aligned} \tag{15.3.4}$$

따라서 사이클로이드의 호 길이는 원의 반지름의 8배이다. 미적분학을 이용한 증명이 매우 깔끔한 것 같다.

15.4. 사이클로이드 하강 시간

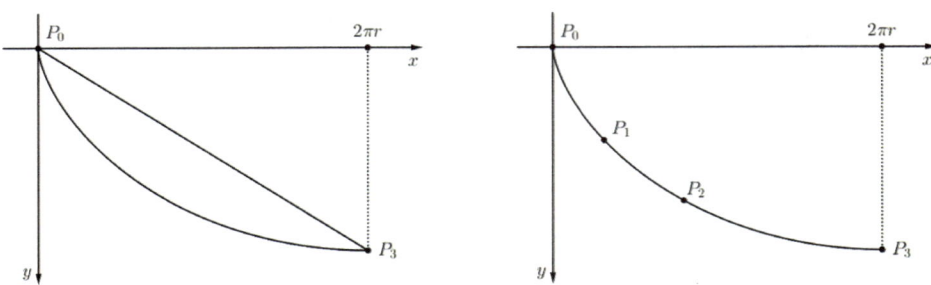

그림 15.4.1. 사이클로이드 하강 시간

우리는 직선과 사이클로이드 곡선의 시간을 구하여 보고자 한다. 즉 사이클로이드 곡선이 직선보다 빠른 하강 시간을 가짐을 보이고자 한다.

사이클로이드 곡선의 맨 아래인 점을 P_3이라 하고 중간에 임의의 두 점 P_1, P_2를 잡자. 원점 P_0에서 부터 점 $P_3(\pi r, 2r)$까지 걸리는 시간을 구하여 보자. 질량이 m인 물체가 사이클로이드 곡선 위를 $P(x,y)$을 따라 시간 t일 때 순간 속도 v의 속도로 하강하고 있다고 하자. 운동에너지와 위치에너지가 같으므로

$$mgy = \frac{1}{2}mv^2 \tag{15.4.1}$$

이고

$$v = \sqrt{2gy} \tag{15.4.2}$$

이다.

사이클로이드 곡선을 따라 원점 P_0에서 점 $P(x,y)$까지 움직인 길이를 s라 할 때,

$$ds = \sqrt{dx^2 + dy^2}$$

$$\frac{ds}{dt} = \sqrt{2gy} \tag{15.4.3}$$

$$dt = \frac{ds}{\sqrt{2gy}} = \frac{\sqrt{1+\left(\frac{dy}{dx}\right)^2}}{\sqrt{2gy}}dx$$

이다. 이제 시간 t_1을 원점 P_0에서 점 P_3까지 걸리는 시간이라고 하면

$$t_1 = \int_0^{\pi r} \sqrt{\frac{1+\left(\frac{dy}{dx}\right)^2}{2gy}}\,dx = \int_0^{\pi r} \sqrt{\frac{dx^2+dy^2}{2gy}} \tag{15.4.4}$$

이다. 사이클로이드의 매개변수 방정식

$$\begin{cases} x = r(t-\sin t) \\ y = r(1-\cos t) \end{cases} \tag{15.4.5}$$

을 회전각 θ로 미분을 하면,

$$\begin{cases} dx = r(1-\cos\theta)d\theta \\ dy = r\sin\theta\, d\theta \end{cases} \tag{15.4.6}$$

이다. 식 (15.4.6)을 식(15.4.4)에 대입하면,

$$(준식) = \int_0^\pi \sqrt{\frac{2r^2(1-\cos\theta)}{2gr(1-\cos\theta)}}\,d\theta = \pi\sqrt{\frac{r}{g}} \tag{15.4.7}$$

이다.

이제 원점 P_0에서 P_3까지 직선으로 움직이는 시간 t_2을 구하여 보자.

원점 P_0에서 P_3를 연결하는 직선의 방정식이

$$y = \frac{2}{\pi}x \tag{15.4.8}$$

이므로

$$t_2 = \int_0^{\pi r} \sqrt{\frac{dx^2+dy^2}{2gy}}\,dx = \int_0^{\pi r} \sqrt{\frac{1+\frac{4}{\pi^2}}{2g\cdot\frac{2}{\pi}}}\,dx$$

$$= \int_0^{\pi r} \sqrt{\frac{4+\pi^2}{4\pi g}}\cdot\frac{1}{\sqrt{x}}\,dx = \sqrt{4+\pi^2}\sqrt{\frac{r}{g}} \tag{15.4.9}$$

이다. 식 (15.4.7)과 식 (15.4.9)의 값을 비교하여 보면,

$$\sqrt{4+\pi^2} > \pi \tag{15.4.10}$$

이므로 직선보다 사이클로이드 곡선이 하강 속도가 빠르다. 일반적인 곡선에 대해서는 14장 오일러-라그랑쥬 방정식을 이용하여야 한다.

15.5. 최단하강곡선 구하기

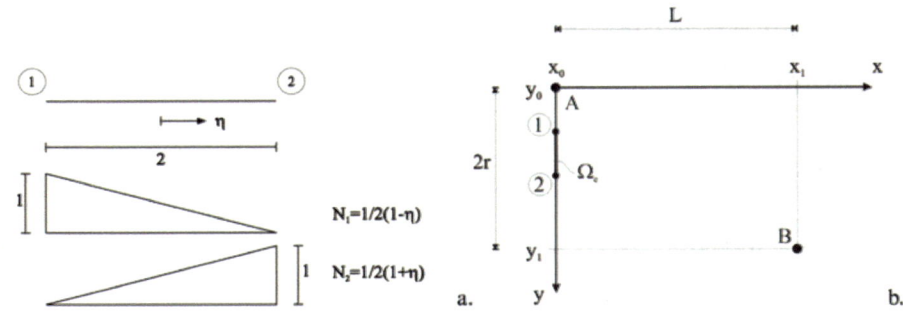

그림 15.5.1.

a) 주어진 대류된 좌표 η의 방향으로 유한 요소 Ω_l, 안자츠(Ansatz)함수

b) 기하학적인 예

사이클로이드 하강 시간을 구하는 다른 관점이 있는데 물리적인 개념으로 구하고자 한다. 우선 점에 무게가 있고 점 A에서 시작하고 점 A와 원점을 일치시키는 직교좌표계와 [그림 15.5.1] b에서처럼 유도된 좌표계를 정의하자. 에너지 보존법칙에 의해서 운동에너지(kinetic energy) T와 위치에너지(potential energy) U의 합이 상수로 일정하다. 즉

$$T + U = H \text{ (상수)} \tag{15.5.1}$$

이다. 초깃값으로 무게를 가지는 점에서 시작하는 위치에너지가 0인 즉

$$U(x=0) = 0 \tag{15.5.2}$$

인 위치에너지가 0인 점을 임의로 선택한다. 위치에너지는 y좌표의 항으로 나타내면

$$U = Fy = mgy \tag{15.5.3}$$

이다. 운동에너지는 속도의 제곱에 비례하는데 이를 식으로 나타내면

$$T = \frac{1}{2}mv^2 \tag{15.5.4}$$

이다. 무게를 갖는 점이 초기 속도가 0이라고 가정을 하기 때문에 무게를 갖는 운동에너지와 위치에너지의 합이 0이므로

$$H = 0$$

이다. 운동에너지와 위치에너지의 합이 항상 0이기 때문에 순간 속도는 x좌표의 항으로 표현된다. 따라서

$$T + U = 0, \quad T = -U$$

그리고

$$\frac{1}{2}mv^2 = mgy$$

$$v(y) = mgy \tag{15.5.5}$$

이다. 무게를 갖는 점이 점 P_1에서 점 P_2까지 움직이는 시간 t는

$$t = \int_{P_1}^{P_2} \frac{1}{v} ds \tag{15.5.6}$$

처럼 계산을 할 수 있다. 여기서 ds는

$$ds = \sqrt{dx^2 + dy^2} \tag{15.5.7}$$

으로 직교 좌표계의 직선의 요소로 표현된다. 식 (15.5.5)와 식 (15.5.7)의 시간의 증가량 dt는

$$dt = \sqrt{\frac{1 + \left(\frac{dy}{dx}\right)^2}{2gy}} \tag{15.5.8}$$

와 같이 표현된다. 점 A에서 점 B까지 적분을 하면, 변분 함수

$$J(x, y, y') = \int_{x_A}^{x_B} \sqrt{\frac{1 + \left(\frac{dy}{dx}\right)^2}{2gy}} \, dx = \frac{1}{\sqrt{2g}} \int_{x_A}^{x_B} \sqrt{\frac{1 + \left(\frac{dy}{dx}\right)^2}{y}} \, dx \tag{15.5.9}$$

와 같이 나타낼 수 있다. 이 함수는 요한과 야곱 베르누이 형제의 해의 기본 형태이다. 이 문제의 극값의 오일러 미분방정식은

$$F_y - \frac{d}{dx}F_{y'} = 0 \tag{15.5.10}$$

이다.

$$F_y = -\frac{1}{2}(1+y'^2)^{\frac{1}{2}} \cdot y^{-\frac{3}{2}}$$

$$F_{y'} = (1+y'^2)^{-\frac{1}{2}} \cdot y' \cdot y^{-\frac{1}{2}} \tag{15.5.11}$$

$$\frac{d}{dx}F_{y'} = -(1+y')^{-\frac{3}{2}} \cdot y'^2 \cdot y'' \cdot y^{-\frac{1}{2}} + (1+y'^2)^{-\frac{1}{2}} \cdot y'' \cdot y^{-\frac{1}{2}}$$

$$- (1+y'^2)^{-\frac{1}{2}} \cdot y'^2 \cdot y^{-\frac{3}{2}}$$

이므로 식 (15.5.12)식 (15.5.10)에 대입을 하여 정리를 하면,

$$y''(x) + \frac{1+y'^2(x)}{2y(x)} = 0 \tag{15.5.12}$$

와 같이 정리할 수 있다. 이 미분방정식의 해를 끌어내기가 쉽지를 않다. 그러나 사이클로이드가 이 방정식을 만족한다는 것을 보여야 한다.

최적의 필요한 조건을 이끌어내기 위한 최적의 방법은 방정식을 x와 y에 종속된 방정식으로 표현하는 것이다. 따라서 식 (15.5.9)을 푸는 것 대신에 아래의 변분 방정식

$$J(y, x') = \int_{y_A}^{y_B} \sqrt{\frac{1+\left(\frac{dy}{dx}\right)^2}{2gy}}\, dy = \frac{1}{\sqrt{2g}}\int_{y_A}^{y_B} \sqrt{\frac{1+\left(\frac{dy}{dx}\right)^2}{y}}\, dy \tag{15.5.13}$$

을 풀자. 함수를 최적화한 양함수 $x = x(y)$에 관심이 있다. 변화하는 것 종속변수를 x로 놓은 목적은 극값의 필요조건을 계산하기 위함이다. 따라서

$$J(\tilde{x}, \varepsilon) = \frac{\partial}{\partial \varepsilon} \cdot \frac{1}{\sqrt{2g}}\int_{y_1}^{y_2} \sqrt{1+(x'+\varepsilon w')^2\}}$$

$$= \frac{1}{\sqrt{2g}}\int_{y_A}^{y_B} w' \cdot \frac{x'}{\sqrt{y(1-x')^2}}\, dy \tag{15.5.14}$$

$$= -\frac{1}{\sqrt{2g}}\int_{y_A}^{y_B} \frac{d}{dy}\left[\frac{x'}{\sqrt{y(1+x'^2)}}\right] w(y)\, dy = 0$$

이다. 적분의 기본정리에 의해서

$$\frac{d}{dy}\left[\frac{x'}{\sqrt{y(1+x'^2)}}\right]=0 \tag{15.5.15}$$

이다. 식 (15.5.15)은 변분 방정식 (15.5.13)의 오일러 미분방정식이다. 오일러 방정식을 종속된 변수로 변형을 하면

$$F_x - \frac{d}{dy}F_{x'} = 0 \tag{15.5.16}$$

이다. 식 (15.5.13)은 x에 종속되어 있지 않기 때문에 첫 번째 항은 0이고, 오일러 방정식은 식 (15.5.10)과 비교해 봐도 놀랍게도 간소화된다. 식 (15.5.15)에서 y에 대하여 전체적으로 미분을 한 것이 0이기 때문에 안에 있는 항은 상수이다. 즉,

$$\frac{x'}{\sqrt{y(1+x'^2)}} = (상수) \tag{15.5.17}$$

이다. 상수를 $\frac{1}{\sqrt{2r}}$로 놓으면,

$$\frac{x'}{\sqrt{y(1+x'^2)}} = \frac{1}{\sqrt{2r}} \tag{15.5.18}$$

이다. 식 (15.5.18)의 양변을 제곱하면

$$\frac{x'^2}{y(1+x'^2)} = \frac{1}{2r} \tag{15.5.19}$$

이다. 그리고 미분 x'을 풀기 위해서 식 (15.5.19)를 정리를 하면,

$$x'^2 = \frac{1}{2r}(y + yx'^2)$$

$$x' = \pm\frac{\sqrt{y}}{\sqrt{2r-y}} \tag{15.5.20}$$

이다. 식 (15.5.20)의 미분방정식을 변수 분리형으로 나타내면,

$$dx = \frac{\sqrt{y}}{\sqrt{2r-y}}dy$$

(15.5.21)

이고, 식 (15.5.21)의 양변을 적분하여 이를 풀어 x를 변수 y의 항으로 나타내면

$$x = \int_{y_A}^{y_B} \sqrt{\frac{y}{2r-y}} \, dy \tag{15.5.22}$$

이다. 우리는 식 (15.5.22)를 풀기 위해서 치환적분을 사용하자. 그러면,

$$y = r(1-\cos\alpha)$$
$$dy = r\sin\alpha \, d\alpha \tag{15.5.23}$$

이다. 식 (15.5.23)을 식 (15.5.22)에 대입하면, 각 α로 표현된 항으로 나타난다. 그러면,

$$x = r\int_{\alpha_A}^{\alpha_B} (1-\cos\alpha) d\alpha = r(\alpha - \sin\alpha)\Big|_{\alpha_A}^{\alpha_B} \tag{15.5.24}$$

이다. 식 (15.5.25)를 매개변수로 다시 나타내어 보면,

$$(x, y) = (r(\alpha - \sin\alpha), \, r(1-\cos\alpha))$$

이다. 이 표현은 사이클로이드임을 알 수 있다.

우리는 식 (15.5.15)에서 시간을 계산하여 보자.

$$(x')^2 = \left(\frac{dy}{dx}\right)^2 = \left(\frac{r(1-\cos\alpha)d\alpha}{r(-\sin\alpha)d\alpha}\right)^2 = \frac{(1-\cos\alpha)^2}{\sin^2\alpha}$$

$$x' = \frac{1-\cos\alpha}{\sin\alpha} \quad (x' > 0) \tag{15.5.25}$$

이다. 이제 시간을 구하여 보자.

$$T = J = \frac{1}{\sqrt{2g}} \int_{\alpha_A}^{\alpha_B} \left(\frac{1 + \frac{(1-\cos\alpha)^2}{\sin^2\alpha}}{r(1-\cos\alpha)}\right)^{\frac{1}{2}} \cdot r\sin\alpha \, d\alpha$$

$$= \frac{1}{\sqrt{2g}} \int_{\alpha_A}^{\alpha_B} \left(\frac{2r \cdot (1-\cos\alpha)}{1-\cos\alpha}\right)^{\frac{1}{2}} d\alpha$$

$$= \sqrt{\frac{r}{g}} \cdot \alpha \Big|_{\alpha_A}^{\alpha_B} \tag{15.5.26}$$

와 같이 시간을 계산할 수 있다.

15.6. 사이클로이드 등시곡선 성질

[그림 15.4.1.]에서 사이클로이드 곡선 위의 임의의 점 P_1에서 점 P_3까지 걸리는 시간을 t_3이라고 하자. 점 $P_1(x_1, y_1)$에서 점 $P(x, y)$까지 걸리는 시간을 t이라고 하고, 점 P에서 순간 속도를 v이라고 하면,

$$v = \sqrt{2g(y - y_1)}$$

$$t = \int_{x_1}^{x_2} \sqrt{\frac{dx^2 + dy^2}{2g(y - y_1)}} \, dx \tag{15.6.1}$$

이다. 따라서

$$t_2 = \int_{x_1}^{\pi r} \sqrt{\frac{dx^2 + dy^2}{2g(y - y_1)}} \, dx \tag{15.6.2}$$

이고 이를 다시 사이클로이드 매개변수 방정식을 식 (15.6.2)에 대입을 하여 정리를 하면,

$$(준식) = \int_{\theta_1}^{\pi} \sqrt{\frac{2r^2(1 - \cos\theta)}{2rg(\cos\theta_1 - \cos\theta)}} \, d\theta = \sqrt{\frac{r}{g}} \int_{\theta_1}^{\pi} \sqrt{\frac{1 - \cos\theta}{(\cos\theta_1 - \cos\theta)}} \, d\theta$$

$$= \sqrt{\frac{r}{g}} \int_{\theta_1}^{\theta} \sqrt{\frac{2\sin^2\left(\frac{\theta}{2}\right)}{\left\{2\cos^2\left(\frac{\theta_1}{2}\right) - 1\right\} - \left\{2\cos^2\left(\frac{\theta}{2} - 1\right)\right\}}} \, d\theta$$

$$= 2\sqrt{\frac{r}{g}} \left[-\sin^{-1}\left(\frac{\cos\frac{\theta}{2}}{\cos\frac{\theta_1}{2}} \right) \right]_{\theta_1}^{\pi} = \pi\sqrt{\frac{r}{g}} \tag{15.6.3}$$

이다. 이것은 점 P_1의 위치가 어디에 있던 간에 점 P_3까지 이동하는 시간은 항상 일정하다는 이야기이다. 이로서 사이클로이드 등시곡선의 성질을 증명하였다.

15.7. 사이클로이드 신계선

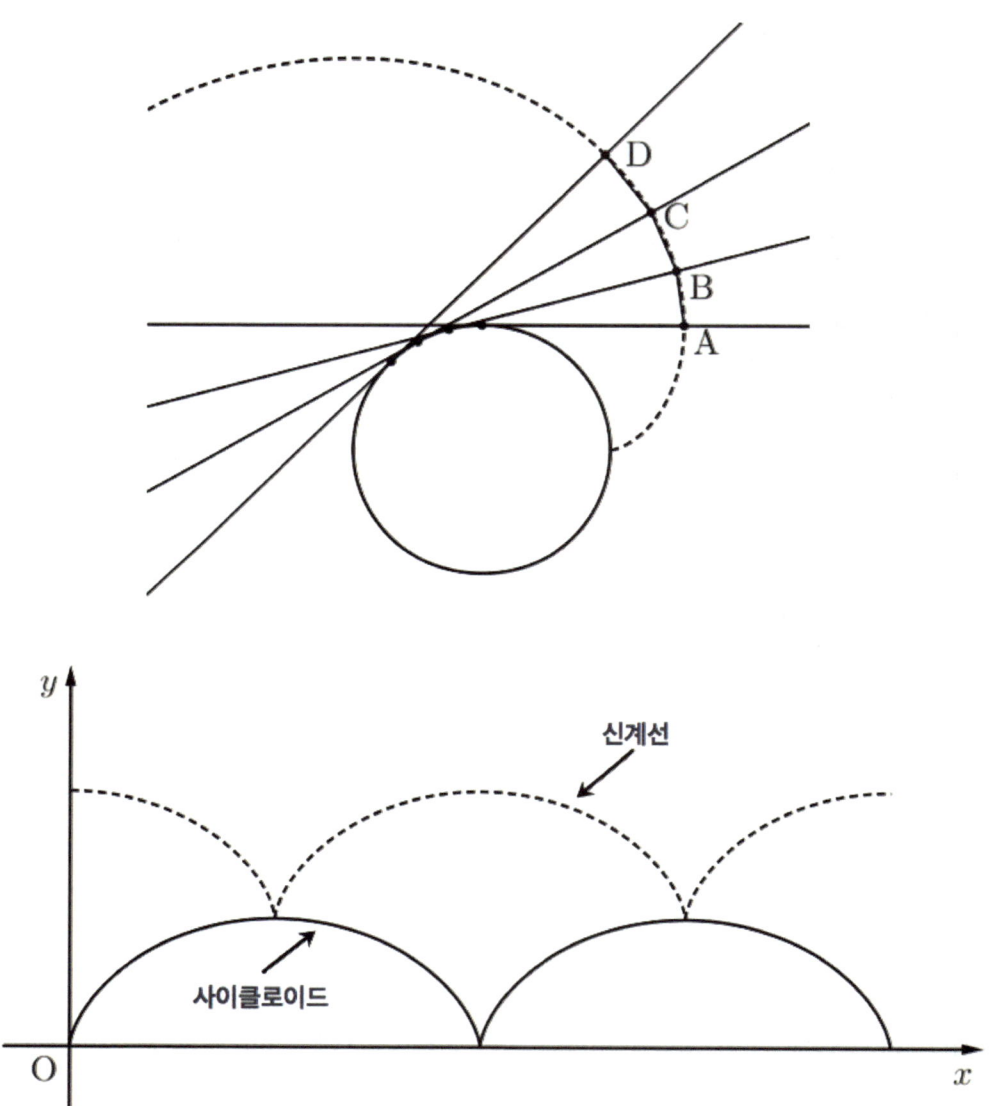

그림 15.7.1. 신계선

사이클로이드 신계선(involute)도 사이클로이드이다. 우선 신계선이란 어떤 곡선의 모든 접선 중 적당한 한 점씩을 포함하는 곡면 위에 놓여 있으며 원 곡선의 모든 접선들과는 수직으로 만나는 또 다른 곡선이다. [그림 15.7.1]

함수 $r:\mathbb{R}\to\mathbb{R}^2$인 매개변수 t의 매개변수 방정식이고 모든 t에 대하여
$$|r'(t)|=1 \tag{15.7.1}$$
을 만족한다고 하자. 그러면,
$$s\mapsto r(t)-s\,r'(t) \tag{15.7.2}$$
로 대응하는 방정식이 신계선 매개변수 방정식이다.

$(x(r),y(t))$로 정의된 매개변수 방정식의 신계선 $(X(t),Y(t))$의 매개 변수 방정식은
$$\begin{cases} X(t)=x(t)-\dfrac{x'(t)}{\sqrt{x'(t)^2+y'(t)^2}}\displaystyle\int_a^t \sqrt{x'(\tau)^2+y'(\tau)^2}\,d\tau \\ X(t)=y(t)-\dfrac{y'(t)}{\sqrt{x'(t)^2+y'(t)^2}}\displaystyle\int_a^t \sqrt{x'(\tau)^2+y'(\tau)^2}\,d\tau \end{cases} \tag{15.7.3}$$
이다. 따라서 사이클로이드 매개변수 방정식
$$\begin{cases} x(t)=r(r-\sin t) \\ y(t)=r(1-\cos t) \end{cases} \tag{15.7.4}$$
의 사이클로이드 신계선 매개변수 방정식은
$$\begin{cases} X(t)=r(t+\sin t) \\ Y(t)=r(3+\cos t) \end{cases} \tag{15.7.5}$$
인데 이 방정식도 사이클로이드이다. 신계선 매개변수 방정식은 사이클로이드 방정식을 x축 방향으로 π만큼 y축 방향으로 $2r$만큼 평행이동한 방정식이다.

15.8. 사이클로이드 축폐선

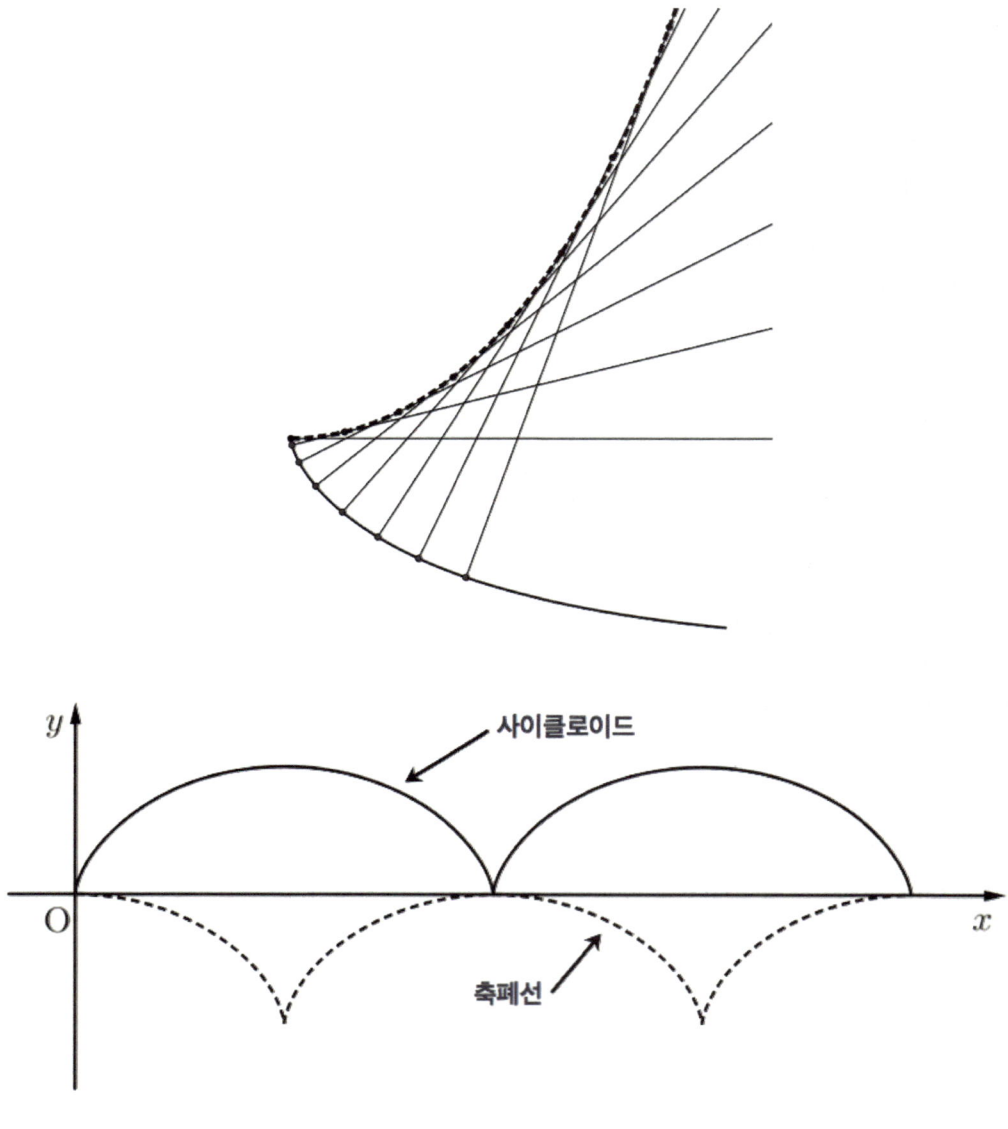

[그림 15.8.1] 신계선

사이클로이드 축폐선(evolute)도 사이클로이드이다. 우선 축폐선이란 어떤 곡선의 각 점에 대한 곡률 중심의 궤적이 이루는 또 하나의 곡선이다

호의 길이 s에 의한 매개변수로 표현된 평면 곡선 벡터 방정식 $\gamma(s)$이라고 하자. 호 길

이 s 매개변수 방정식으로 표현된 평면 곡선의 접선 벡터는
$$T(s) = \gamma'(s) \tag{15.8.1}$$
이다. 접선 벡터 $T(s)$에 수직인 법선 단위 벡터 $N(s)$이라고 하자. 그리고 곡선 $\gamma(s)$의 곡률 $k(s)$는
$$T'(s) = k(s)N(s) \tag{15.8.2}$$
으로 정의하자. 곡률 반지름은
$$R(s) = \frac{1}{k(s)} \tag{15.8.3}$$
로 정의하자.

곡선 $\gamma(s)$의 곡률 중심 매개변수 방정식은
$$E(s) = \gamma(s) + R(s)N(s) = \gamma(s) + \frac{1}{k(s)}N(s) \tag{15.8.4}$$
으로 정의되고, 이 매개변수 방정식을 곡선 $\gamma(s)$ 축폐선이라고 한다.

평면좌표에서 표현하면, $\gamma(t) = (x(t), y(t))$ 에 대하여 축폐선을 표현하여 보자. 곡률 반지름 $R = \frac{1}{k}$이고 접선과 x축과 이루는 각을 φ이라고 하면, 축폐선은
$$(X, Y) = (x, y) + RN = (x - R\sin\varphi, y + R\cos\varphi) \tag{15.8.5}$$
이다.

단위 접선 벡터 $T = (\cos\varphi, \sin\varphi)$를 90°회전시킨 단위 법선 벡터
$$N = (-\sin\varphi, \cos\varphi) \tag{15.8.6}$$
이다. 또한
$$(\cos\varphi, \sin\varphi) = \frac{1}{\sqrt{x'^2 + y'^2}}(x', y')$$
$$R = \frac{1}{k} = \frac{\sqrt[2]{(x'^2 + y'^2)^3}}{x'y'' - x''y'} \tag{15.8.7}$$
이다. 이를 다시 정리하면, 축폐선은
$$X[x, y] = x - y' \cdot \frac{x'^2 + y'^2}{x'y'' - x''y'}$$

$$Y[x, y] = y + x' \cdot \frac{x'^2 + y'^2}{x'y'' - x''y'} \tag{15.8.8}$$

와 같이 표현된다.

사이클로이드 매개변수 방정식
$$\begin{cases} x(t) = r(t - \sin t) \\ y(t) = r(1 - \cos t) \end{cases} \tag{15.8.9}$$

의 축폐선을 계산을 하여 보자.

$$x' = r(1 - \cos t)$$
$$x'' = r\sin t$$
$$y' = r\sin t \tag{15.8.10}$$
$$y'' = r\cos t$$

이다. 그리고,

$$\frac{x'^2 + y'^2}{x'y'' - x''y'} = \frac{r^2(1-\cos t)^2 + r^2\sin^2 t}{r(1-\cos t) \cdot r\cos t - r\sin t \cdot r\sin t}$$
$$= \frac{(1 - 2\cos t + \cos^2 t) + \sin^2 t}{\cos t - \cos^2 t - \sin^2 t} = \frac{2 - 2\cos t}{\cos t - 1} = -2$$

(15.8.11)

축폐선에 대입하여 구하면,

$$\begin{cases} x(t) = r(t - \sin t) - r\sin t \cdot (-2) = r(t + \sin t) \\ y(t) = r(1 - \cos t) + r(1 - \cos t) \cdot (-2) = -r(1 - \cos t) \end{cases}$$

(15.8.12)

로 사이클로이드 매개변수 방정식이다. 축폐선 매개변수 방정식은 사이클로이드 방정식을 x축 방향으로 π만큼 y축 방향으로 $-2r$만큼 평행이동한 방정식이다.

15.9. 사이클로이드 축폐선의 벡터 해석

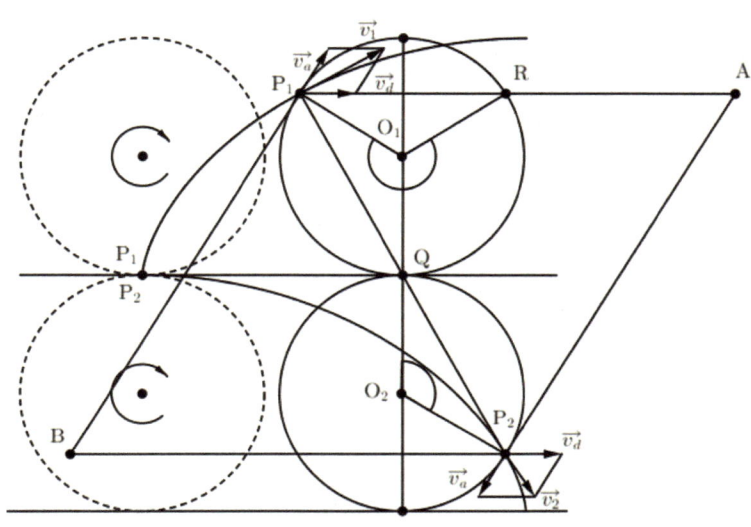

그림 15.9.1. 사이클로이드 축폐선 기하학적 접근

사이클로이드 축폐선 (evolute)도 사이클로이드라는 것을 위의 절에서 증명하였다. 이제 기하학적인 방법으로 이를 증명하여 보도록 하자.

[그림 15.9.1.]과 같이 우리는 평행한 두 직선을 그리고 두 원의 고정점 P_1과 P_2에서 출발하는 원이 같은 속도로 굴러서 만드는 두 개의 사이클로이드를 만들자.

$$\angle P_1 O_1 Q = \angle P_2 O_2 Q \tag{15.9.1}$$

이어서 점 P_1, Q 그리고 P_2가 일직선상에 있다. 그러므로

$$\angle O_1 Q P_1 = \angle O_2 Q P_2 \tag{15.9.2}$$

이다. 또한 $\angle P_1 Q P_2 = \pi$ 이어서

$$\angle O_1 Q P_2 + \angle O_2 Q P_2 = \pi \tag{15.9.3}$$

이다. 직선 $O_1 O_2$에 수직이고 점 P_1을 지나며 점 P_2의 접선과의 교점을 점 A라고 하

자. 그러면
$$\angle QP_2A = \frac{1}{2} \angle P_2O_2Q$$
$$\angle QP_1A = \frac{1}{2} \angle QO_1R = \frac{1}{2} \angle QO_1P_1 \tag{15.9.4}$$
이다. 또한 $\angle P_1O_1Q = \angle QO_2P_2$ 이어서
$$\angle QP_1A = \angle QP_2A \tag{15.9.5}$$
이고 삼각형 P_1AP_2는 이등변삼각형이다.

같은 방법으로, 직선 O_1O_2에 수직이고 점 P_2을 지나며 점 P_1의 접선과의 교점을 점 B이라고 하자. 그러면 삼각형 P_1BP_2는 이등변삼각형이다. 따라서 사각형 P_1AP_2B는 평행사변형이다. 그러므로 두 쌍의 대변은 평행하고 두 대각의 크기도 같다.

이제 점 P_2의 속도를 생각하자. 점 P_2에서 속도 v_2는 구르는 속도 v_a, 추진 속도 v_d의 2개의 성분으로 분해를 할 수 있다. 원이 미끄러짐 없이 굴러가기 때문에 점 P_1에서의 속도가 점 P_2에서의 속도와 같다. v_d는 P_1A에서 평행하고, v_a는 점 P_2에서 원의 접선 아래쪽 방향에 평행하여서 P_2A에 평행하다. 두 속도 성분이 평행사변형의 두 변에 평행하며 전체 속도가 이 두 속도 성분으로 이루어져 있기 때문에 점 P_2에서 전체 속도 v_2는 P_1P_2에 평행하다. 즉,
$$v_2 = v_a + v_d \tag{15.9.6}$$
이다.

또한 v_2가 점 P_2까지의 사이클로이드 호의 접선이기 때문에 역시 P_1P_2도 접선이고, v_1은 P_1P_2에 수직이다.

팽팽한 철사를 호의 길이만큼 아래쪽으로 쭉 뻗어 있고, 다른 끝에 있는 점으로 부터 팽팽함을 유지한 채 철사를 풀자. 그러면 철사의 끝이 철사에 수직이며 같은 속도로 움직인다. 또한, 끝점으로부터 사이클로이드에 접한 점까지의 직선은 호위의 임의의 점에서 접선이다.

15.10. 사이클로이드 축폐선의 기하학적 해석

사이클로이드 축폐선(evolute)는 사이클로이드가 되는 것을 기하학적으로 설명을 하여 보도록 하자.

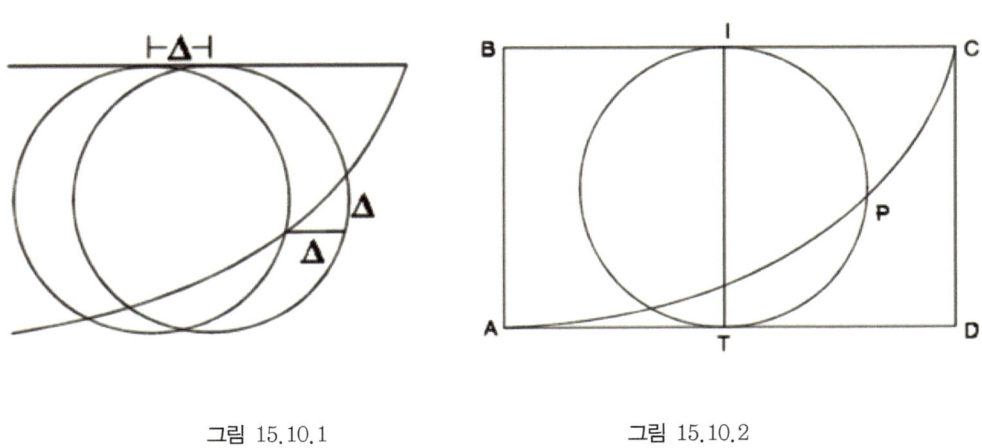

그림 15.10.1   그림 15.10.2

원을 바닥에 미끄러짐 없이 굴린다고 하고 [그림 15.10.1.]처럼 원이 바닥을 Δ만큼 이동을 하였다고 하자. 사이클로이드의 반쪽을 생각하고, 위로 오목하게 [그림 15.10.2]에서 처럼 직사각형 $ABCD$에 사이클로이드 호 APC가 있다고 하자. 원이 직사각형 선분 BC와 교점을 I, 선분 AD와 교점을 T이라고 하자.

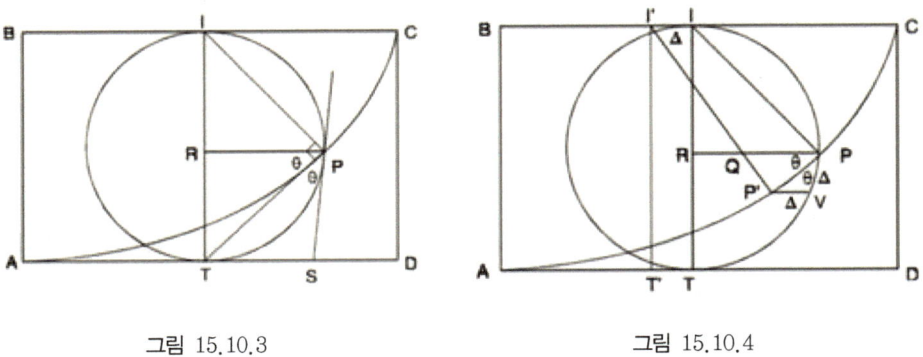

그림 15.10.3   그림 15.10.4

Ⅲ부 사이클로이드의 다양한 성질

점 I를 굴러가는 원에 의해서 만들어지는 사이클로이드 위의 점을 점 P이라고 하자. 지름이 $\overline{IT}$이고 원 위에 점 P가 있기 때문에

$$\angle IPT = 90°$$

이다. 또한, 점 P를 통과하는 사이클로이드의 접선이 점 T를 지난다. 그러면 직선 BC에 평행하고 점 P를 지나는 직선과 직선 IT와의 교점을 점 R이라고 하자. 또한, 점 P의 원에서의 접선과 직선 AD와의 교점을 점 S라고 하자.

그러면, 선분 IP와 선분 PT가 수직이고,

$$\angle RPT + \angle RPI = 90°$$
$$\angle RPI + \angle PIT = 90° \tag{15.10.1}$$

이어서

$$\angle RPT = \angle PIT \tag{15.10.2}$$

이다. 그래서 선분 교대 이론에 의해서

$$\angle SPT = \angle RPT \tag{15.10.3}$$

이다.

사이클로이드 위의 점 P에서 짧게 원을 굴리면, I에서 I'까지, T에서 T'까지 그리고 P에서 P'까지 움직였다고 하자. I에서 I'까지, T에서 T'까지 움직인 거리를 그 거리를 Δ이라고 하면,

$$II' = TT' = \Delta \tag{15.10.4}$$

이다. 사이클로이드 위의 점 P'에서 접선이 점 T'을 지나고 법선은 점 I'을 지난다. 직선 $I'P'$과 직선 RP의 교점을 점 Q이라고 하자. 점 P'을 지나고 선분 BC에 평행한 직선을 작도하여 반 원과의 교점을 점 V이라고 하자. 그러면 삼각형 $PP'V$가 이등변삼각형이므로

$$P'V = \widehat{VP} = \Delta \tag{15.10.5}$$

이다.

이제 사다리꼴 $P'QPV$를 생각하자. 여기서는 곡선을 직선처럼 무한소의 개념을 적용하여 만든 평행사변형이다. 매우 작은 구간에서는 호 VP는 직선처럼 생각하자. 같은 개념을 적용하여 사이클로이드 호 PP'도 직선처럼 생각하자. 그러면 직선 PT는 사이클로이드 위의 점 P에서의 접선으로 근사 된다.

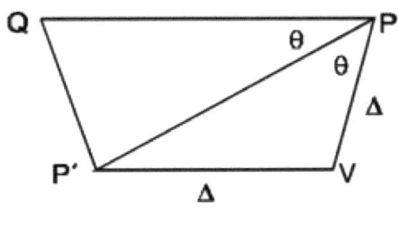
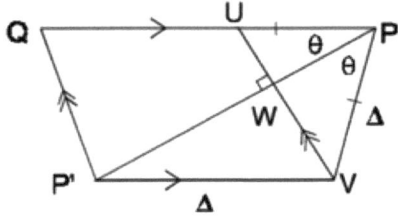

그림 15.10.5　　　　　　　　　　　　그림 15.10.6

직선 QP와 직선 $P'V$가 평행인 사다리꼴 $P'QPV$인 사다리꼴을 작도할 수 있다. 직선 QP'에 평행하고 점 V를 지나는 직선과 선분 QP를 지나는 직선과의 교점을 점 U이라고 하고 선분 PP'과 교점을 점 W라고 하자. 그러면,

$$QU = P'V = \Delta \tag{15.10.6}$$

이다. 또한 $\angle QP'P$는 직각으로 근사하고, $P'I$은 PI에 평행하게 PT에 수직하게 근사한다. 또한 P'은 선분 PT위에 근사적으로 위에 있게 된다. 직선 QP'이 직선 PP'에 수직이기에 직선 $P'I$가 직선 PT에 수직에 근하게 된다. 결론적으로 선분 UW와 선분 WP가 수직이기 때문에 삼각형 UVP는 이등변삼각형이다. 따라서

$$UP = VP = \Delta$$
$$QP = 2\Delta \tag{15.10.7}$$

이다. 직선 PI와 $P'I$은 사이클로이드의 두 법선이고, Δ가 0으로 수렴하여도 두 법선의 교점은 곡률 중심이 된다. 그 곡률 중심이 축폐선 위에 있게 된다. 두 선분 PI와 $P'I$를 연장시켜 교점을 찾고 이 교점을 점 F라고 하자. 그러면, 삼각형 $II'F$와 삼각형 QPF가 닮음이고 그 비가 $1:2$이기 때문에

$$QP = 2\Delta$$
$$II' = \Delta \tag{15.10.8}$$

이다. 그러므로

$$2IF = PF \text{ 또는 } IF = PI \tag{15.10.9}$$

이다. 이 의미는 어떤 사이클로이드의 곡률 중심은 같은 곡률을 갖는 사이클로이드라는 의미와 같다. 즉, 원에 의해서 만들어진 사이클로이드와 사이클로이드 사이의 거리가 같다. [그림 15.10.7.]

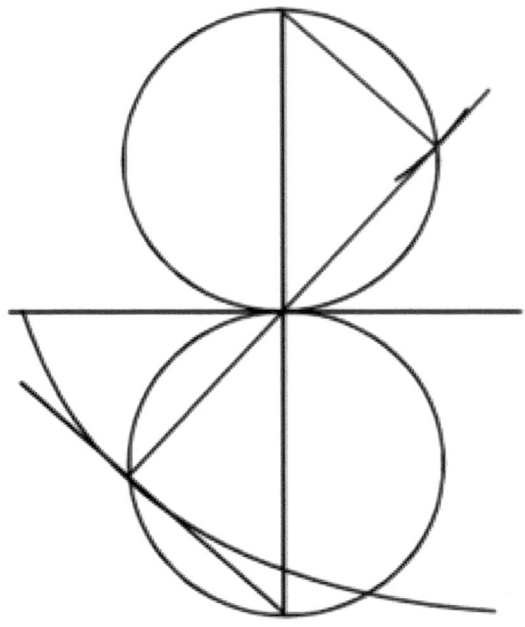

그림 15.10.7 사이클로이드 축폐선

16장 직관적으로 사이클로이드 구적 구하기

16.1. 소개

사이클로이드는 원이 미끄러짐 없이 굴러갈 때 원주 위의 한 점이 그리는 자취이다. [그림 16.1.1.]에서 처럼 직선 위에 아치 모양이 계속해서 주기적으로 생긴다. 원을 굴려서 만든 사이클로이드와 직선 사이의 넓이는 직선 위를 굴린 원의 넓이의 3배이다. 우리는 3이 사이클로이드 부채꼴의 매우 어려운 성질을 나타냄을 보일 것이다. [그림 16.1.2.]는 다양한 원의 회전에 따른 호 OP와 두 선분 OC와 PC로 둘러싸인 사이클로이드 부채꼴 OPC를 함께 보여준다.

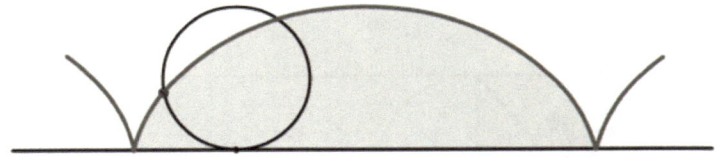

그림 16.1.1. 사이클로이드 아래 넓이는 원의 넓이의 3배이다.

[정리 1] 사이클로이드 부채꼴 OPC는 현 PC에 의해서 굴러진 원으로부터 둥근 부분과 겹쳐진 넓이의 3배이다.

이 놀랄만한 기하학적 성질은 [그림 16.1.3.]에서 표현된 면적으로부터 쉽게 설명된다. 사이클로이드에 외접하는 직사각형에 굴려지는 원은 위와 아래에 접한다. 접하는 두 점을 C와 T이라고 하자. 그러면 지름 TC는 2개의 반원으로 나누고, 원과 사이클로이드와 교점을 점 P이라고 하자. 그리고 점 P와 T를 이은 선분 PT는 쐐기(Wedge)라고 하는 굴러가는 원의 한 부분인 PCT로 잘라낸다. 우리는 사이클로이드 호 PO와 선분 OD, DT 그리고 TP로 둘러싸인 영역인 $PODT$를 사이클로이드 모자(Cap)라고 하자.

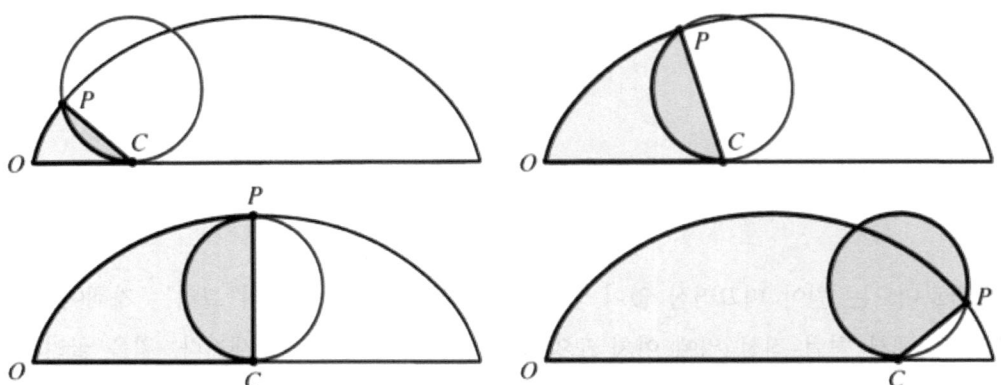

그림 16.1.2. 사이클로이드 부채꼴 OPC는 호 PC에 의해서 잘려진 선분의 음영부분의 넓이의 3배이다. 점 C는 원과 직선이 접한 점이다.

이 둘 관계는 [정리 1]의 매우 놀라운 관계이다.

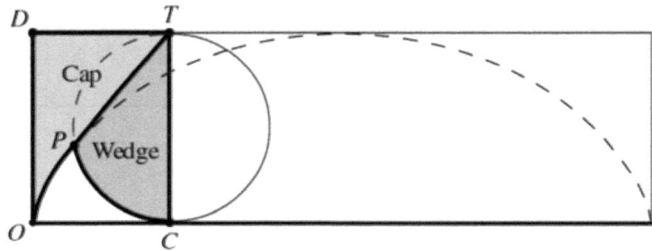

그림 16.1.3. 사이클로이드 모자 $PODT$는 구르는 원의 쐐기 PCT 넓이와 같다.

[보조 정리 1] 사이클로이드 모자 $PODT$의 넓이는 구르는 원의 쐐기 PCT의 넓이와 같다.

16.2. 보조정리 증명

사이클로이드 모자 넓이를 구하여 보자. [보조 정리 1]은 Mamilkon의 접선 쓸기 이론 Mamikon's sweeping-tangent theorem의 결과처럼 연역할 것이다. 접선 쓸기의 넓이는 접선 무리 tangent cluster 의 넓이와 대응함을 보일 것이다. 첫 번째 우리는 각각의 현 PT가 사이클로이드 위의 점 P에서 접선임을 보일 것이다. [그림 16.2.1.]에서 처럼 직사각형에 내접하고 평행선(지평선) 위에 있는 사이클로이드의 접선의 선분은 처음으로 OD에서 출발하여 사이클로이드 모자 (cycloidal cap) $PODT$처럼 쓸어 내었다.

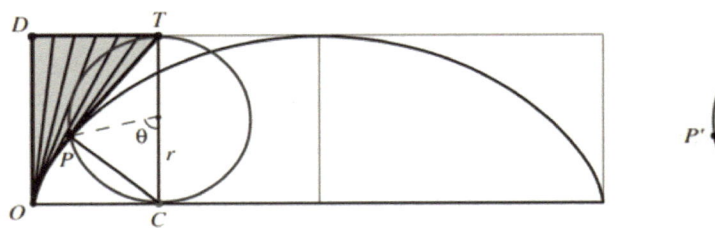

그림 16.2.1. 접선 무리 $T'C'P'$의 넓이와 같은 사이클로이드 모자는 접선이 쓸고 간 넓이이다.

선분 PT가 사이클로이드 위의 점 P에서 접선임을 보여야 한다. 삼각형 TCP가 지름이 TC인 반원에 내접하고, 직각삼각형이다. 이것은 굴러가는 원의 가장 근본적인 성질이다. 미끄러짐 없이 수평선을 따라 굴러가기 때문에 수평선에 닿아있는 점 C가 있고, 순간 회전하는 반지름처럼 점 P는 선분 PC의 점 C를 중심으로 순간 회전을 한다. 이것을 우리는 순간 회전 원리 (instantaneous rotation principle)라고 한다. 이 원리는 [그림 16.2.2.]에서 처럼 고정된 곡선 Γ 위를 미끄러짐 없이 굴러가는 볼록하고 닫혀 있는 곡선에 의해 둘러싸인 영역에 의해서 설명할 수 있다. 곡선 Γ 의 점 C에 접하고 있는 영역 내부에 임의 점 P와 점 C를 이은 선분은 점 P가 움직이는 경로에 정규적 (normal) 이다. 다른 표현으로는 선분 PC에 수직이며 점 P를 통과하는 직선([그림 16.2.2.] 화살표 방향으로)은 점 P가 움직이는 경로에 접선이다. 이 원리는 다각형의 한 꼭짓점을 중심으로 다각형을 회전하였을 때 성립한다. 그리고 다각형을 변의 개수를 늘려 곡선처럼 만들어도 성립한다.

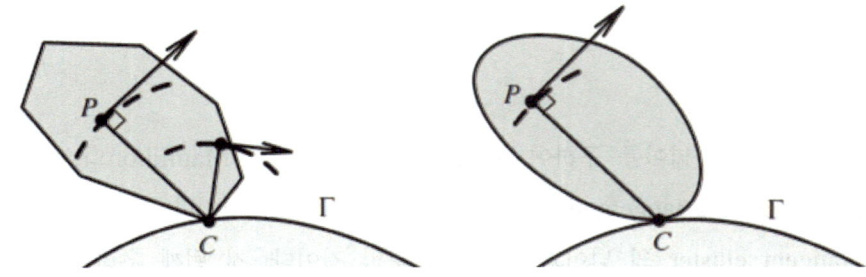

그림 16.2.2. 순간 회전 원리. 점 P는 접해 있는 점 C를 중심으로 순간 회전하면, 선분 PC는 점 P가 움직이는 경로에 정규적이다.

[그림 16.2.1]에서 사이클로이드를 만드는 회전 하는 원에 '순간 회전 원리'를 적용하자. 각 TCP가 직각이어서 현 PT는 정규적인 PC에 수직이며, 사이클로이드의 접선이다. 그러므로 사이클로이드 모자는 접선이 쓸고 간 영역이다.

접선 무리 $T'CP'$와 일치하는 형태를 찾기 위해서, 각각의 현 PT를 [그림 16.2.1.]의 오른쪽 그림처럼 점 T의 끝점을 한 점 T'에 평행이동하여야 한다. 그러면, 다른 한 점 P는 다양한 점 P'으로 평행이동한다. 그래서 선분 $P'T'$은 현 PT와 길이가 같고 평행이동을 한 것이다. 선분 $P'T'$들은 구르는 원과 크기가 같은 원의 현들이다. Mamikon의 이론에 의해서, 접선이 쓸고 간 영역 $PODT$의 넓이는 접선 무리 $T'CP'$의 넓이와 같다. 이 접선 무리는 [그림 16.1.3.]의 사이클로이드 쐐기 TCP의 넓이와 같고, 보조 정리 1의 결론을 얻는다.

그림 16.2.3. Mamikon 사이클로이드 성질

[그림 16.2.3.]은 Mamikon의 사이클로이드의 성질에 대한 것을 직관적으로 나타낸 것이다.

16.3. 사이클로이드 부채꼴 넓이(정리 1 증명)

우리는 이 글에서 영역들을 새롭게[그림 16.3.1]에서 처럼 정의를 하자.

[Sector]= [그림 16.1.2.]와 [그림 16.3.1.b]의 사이클로이드 부채꼴 OPC

[Tusk]= [그림 16.3.1.a]에서와 같이 원과 사이클로이드 아래의 상아 같은 곡선으로 이루어진 영역 OPC

[Wedge]= [그림 16.3.1.a]에서 어두운 그림자의 쐐기 부채꼴 PCT의 넓이

[Segm]= [그림 16.3.1.b]에서 어두운 그림자로 부채꼴의 현 PC로 잘려진 활꼴 영역 넓이

[Tri]=[그림 16.3.1.b]에서 직각삼각형 TPC의 넓이

[Rect]= 직사각형 $ODTC$의 넓이

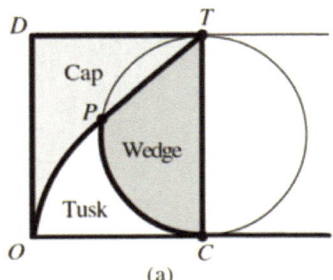 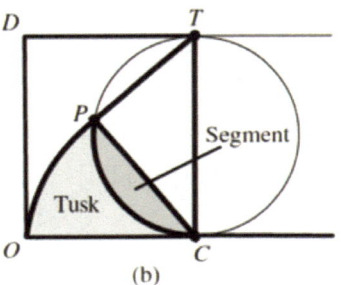

그림 16.3.1

정리 1을 다시 나타내면,
$$[Sector]=3[Segm] \quad (16.3.1)$$
이다. [그림 16.3.1.b]에서
$$[Sector]=[Segm]+[Tusk]$$
이다. 따라서 식 (16.3.1)은
$$[Tusk]=2[Segm] \quad (16.3.2)$$

으로 나타낼 수 있다. 우리는 식 (16.3.2)를 증명을 할 것이다.

보조 정리 1에 의해서 사이클로이드 모자 cap $PODT$는 [Wedge]와 같고, [그림 16.3. 1.]으로부터
$$[\text{Tusk}]=[\text{Rect}]-2[\text{Wedge}]=[\text{Rect}]-2[\text{Segm}]-2[\text{Tri}] \tag{16.3.3}$$
을 발견할 수 있고, 이것을 정리하면
$$[\text{Wedge}]=[\text{Segm}]+[\text{Tri}] \tag{16.3.4}$$
이다. [그림 16.2.1.]에서 선분 OD 길이는 $2r$, 선분 OC 길이는 $r\theta$로 호 CP의 길이이기도 하다.

따라서
$$[\text{Rect}]=2r \cdot r\theta = 4 \cdot \left(\frac{1}{2}r^2\theta\right) \tag{16.3.5}$$
이다. [그림 16.2.1.]로 부터 $\frac{1}{2}r^2\theta$는 반지름이 r이고 중심각이 θ인 부채꼴의 넓이로
$$[\text{Segm}]=\frac{1}{2}[\text{Tri}] \tag{16.3.6}$$
이다. 그러므로 식 (16.3.5)에 대입을 하면,
$$[\text{Rect}]=4[\text{Segm}]+2[\text{Tri}] \tag{16.3.7}$$
이다.

식 (16.3.3)의 오른쪽 식을 이용하면, 우리는
$$[\text{Tusk}]=2[\text{Segm}] \tag{16.3.8}$$
을 얻는다. 따라서 16.1.의 정리를 증명하였다.

따라서 사이클로이드 부채꼴의 넓이는 구르는 원의 활꼴에서 유도할 수 있다. 이것을 대수방정식으로 나타내면, 활꼴의 넓이는 부채꼴의 넓이에서 이등변삼각형의 넓이를 빼면 되므로
$$[\text{Segm}]=\frac{1}{2}r^2(\theta-\sin\theta) \tag{16.3.9}$$
이다.

사이클로이드 부채꼴 POC의 선분 PC의 양 끝 점은 순간 회전 이론에서 다루었듯이 사

이클로이드에 정규적이다. 사실 사이클로이드 부채꼴 POC는 사이클로이드 정규적인 활꼴이 쓸고 간 영역이다.

각 영역들에 대한 신기한 비율이 있는데
$$\frac{[\text{Cap}]}{[\text{Wedge}]}=1, \quad \frac{[\text{Tusk}]}{[\text{Segm}]}=2, \quad \frac{[\text{Sector}]}{[\text{Segm}]}=3 \tag{16.3.10}$$
이다.

16.4. 직관적으로 넓이 구하는 방법의 역사

역사적으로 호이겐스, 라이프니츠 그리고 요한 베르누이는 사이클로이드 넓이의 위의 보조정리 1의 엄밀한 관계에 대한 세 가지의 신기한 의견을 제시하였다. 아르키메데스 전통 중에서, 그들은 사이클로이드 영역의 특별한 부분 즉, 간단한 직선으로 된 도형들의 넓이에 대하여 이야기를 하였다. [그림 16.4.1.]는 이들에 대한 일반적인 상황을 설명하고 있다. 각각의 사이클로이드 호는 구르는 원의 중심과 같은 중심을 가지고 있고, 지평선에 평행인 직선들에 의해서 이등분 된 사각형에 의해서 제한되어 있다.

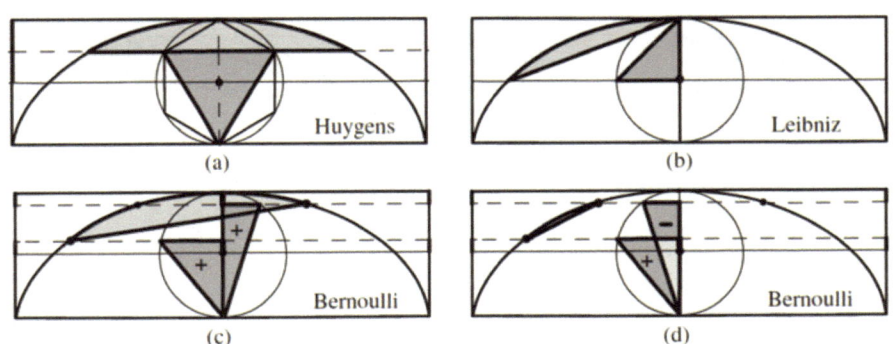

그림 16.4.1. 호이겐스, 라이프니츠 그리고 베르누이의 특별한 사이클로이드 호의 넓이 관계

1658년 호이겐스는 [그림 16.4.1.a]에서 처럼 점선에 의해서 사각형의 절반의 윗 부분의 사각형을 이등하는 점선에 의해서 원에 내접하는 정육각형의 절반의 넓이(이웃한 점들로 만

든 삼각형 넓이)와 같은 사이클로이드 활꼴을 만들 수 있는 것을 보여주었다. 1678년 라이프니츠는 [그림 16.4.1.b]에서 처럼 사이클로이드 활꼴은 두 변이 직각이고 길이가 원의 반지름인 도형의 넓이와 같다. 이후 1699년 베르누이는 라이프니츠의 결론을 [그림 16.4.1.a, b]의 위쪽의 직선과 중심을 지나는 직선과의 거리와 같은 등 거리인 두 점선을 이용하여 일반화를 하였다. 베르누이는 [그림 16.4.1.c] 에서 처럼 사이클로이드 활꼴의 넓이가 두 직각삼각형의 넓이의 합과 같고, [그림 16.4.1.d]에서 처럼 사이클로이드 작은 활꼴의 넓이는 두 직각삼각형의 넓이의 차이와 같다는 것을 입증하였다. 그리고 호이겐스와 라이프니츠의 결론을 보조정리 처럼 추론을 하였다. 그건 그렇고, [그림 16.4.1.c]는 베르누이의 침착한 작업에 의해서 4개의 도표로 나타내어진다.

위의 예들로부터, 우리는 사이클로이드 높이가 큰 점에서 일반적인 점을 연결한 사이클로이드 활꼴을 생각하자. [그림 16.4.2.a]에서 처럼 일반적인 점들은 중심 선의 아래에 놓여 있고, 사이클로이드 활꼴의 넓이는 두 직각삼각형의 넓이의 합과 같다. [그림 16.4.2.b]에서 처럼 일반적인 점이 중심선 위에 있으면 사이클로이드 활꼴의 넓이는 두 직각삼각형의 넓이의 차이와 같다. 이 두 상황을 조합하면, [그림 16.4.2.c]와 같이 일반적인 사이클로이드의 활꼴을 두 사이클로이드 활꼴과 이들 사이에 있는 삼각형으로 나누어 넓이를 추론할 수 있다. 활꼴인 두 끝점이 모두 중심선 위에 있는 경우인 베르누이의 특별한 사이클로이드 활꼴도 추론할 수 있다.

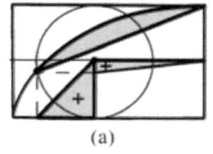 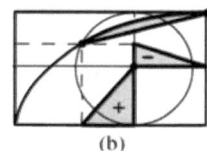 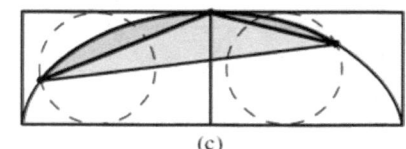

그림 16.4.2.
(a) 사이클로이드 활꼴의 넓이는 두 삼각형 넓이의 합과 같다.
(b) 사이클로이드 활꼴의 넓이는 두 삼각형 넓이의 차와 같다.
(c) 일반적인 사이클로이드 활꼴은 (a)와 (b)를 조합하여 추론할 수 있다.

우리는 16.1의 보조 정리에서 앞서 말한 논리를 관계를 연결 지을 것이다. [그림 16.4.3.a]는 이를 비교하여 놓은 것이다. 사이클로이드 꼬리(사이클로이드 접선 쓸기) 넓이는 인

접한 원 호(사이클로이드 무리)의 넓이와 같다. [그림 16.4.3.b]는 인접한 원 호의 길이 s와 같은 지평선과 평행한 밑변을 갖는 삼각형에 의해서 내접된 [그림 16.4.2.a]의 사이클로이드 호를 보여준다. 사이클로이드 꼬리 (cycloidcal tail)과 원의 활꼴은 같은 넓이를 갖는다. 이는 [그림 16.4.2.a]의 넓이의 관계가 간단한 예가 된다. 같은 방법으로 우리는 [그림 16.4.2.b]의 결론도 얻을 수 있다. 베르누이는 [그림 16.4.3.a]로 부터 역시 바로 같은 결론을 얻었다.

마지막으로 [그림 16.4.4.]로 부터, 우리는 우리가 얻은 특별한 사이클로이드 넓이 관계를 포함한다. 즉, 옅은 색으로 칠해진 곡선으로 이루어진 영역과 옅은 색으로 칠해진 사각형의 넓이는 같다.

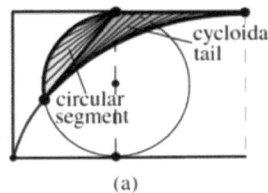 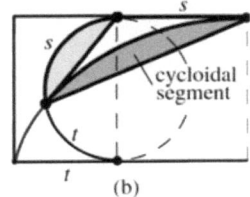

그림 16.4.3.

(a) 원의 활꼴과 사이클로이드 꼬리 넓이는 같다.

(b) 삼각형으로부터 사이클로이드 꼬리와 사이클로이드 활꼴의 넓이는 같다.

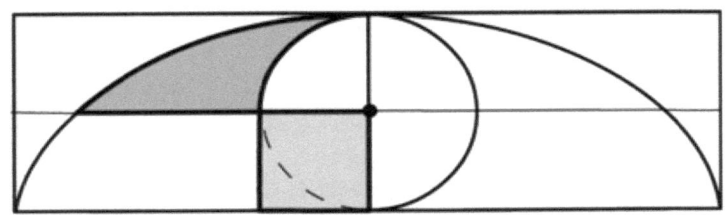

그림 16.4.4. 곡선, 원 직선으로 둘러싸인 넓이는 작은 정사각형의 넓이와 같다.

우리는 반지름이 1인 단 원을 굴렸을 때, [그림 16.4.1.a,b]와 [그림 16.4.4.]의 넓이는 각각의 곡선의 영역의 넓이가 대수적인 수를 갖는 다각형의 넓이와 같다는 것에 훨씬 더 매력적이다. 그에 반해서 반지름이 1인 단위원으로 만들어진 사이클로이드 곡선의 전체 넓이는 3π이다. 이것은 대수적이지 못한 수이다.

17장 구분구적을 이용하여 호 길이 구하기

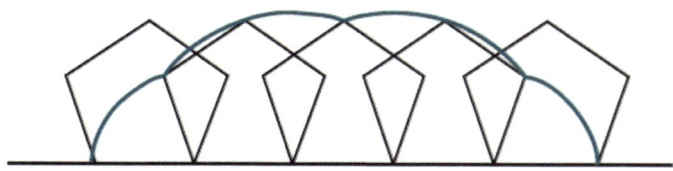

그림 17.1. 정오각형을 굴렸을 때의 호의 궤적

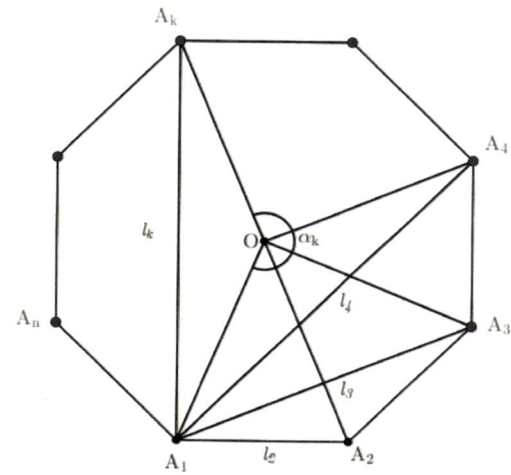

그림 17.2. 정다각형의 대각선 길이

 사이클로이드는 원을 굴려서 생기는 궤적인데, 정다각형을 굴려서 생기는 궤적을 변의 개수를 무한히 늘려서 사이클로이드 곡선의 길이를 구하자. 이때 구분구적의 기법을 사용할 것이다. [그림 17.1]은 정오각형을 굴렸을 때의 궤적을 보여준다. 이 호의 길이의 합을 이용하여 구하려고 한다.

[그림 17.2.]에서 반지름이 r인 원에 내접하는 변의 개수가 n개인 정다각형의 대각선의 길이를 l_k라고 하고 l_2는 정다각형의 한 변의 길이이고 l_3, l_4, $\cdots$, l_{n-1}은 대각선, 그리고 l_n은 한 변의 길이라고 하자. 그러면 정n가형을 굴려서 생기는 호의 궤적은 l_k ($k=2, 3, 4, \cdots, n$)를 정다각형의 한 외각 $\dfrac{2\pi}{n}$만큼 회전시킨 부채꼴의 호의 길이의 합과 같다. 따라서 정n각형을 굴려서 생기는 호의 길이의 합을 L_n이라고 하면,

$$L_n = \sum_{k=2}^{n} l_k \cdot \frac{2\pi}{n} \tag{17.1}$$

이다. [그림 17.2.]에서 처럼 l_k의 중심각을 α_k라고 하면,

$$\alpha_k = \frac{2\pi}{n}(k-1)$$

$$l_k = \sqrt{r^2 + r^2 - 2r^2 \cos \alpha_k}$$

$$= \sqrt{2}\, r \sqrt{1-\cos\left(\frac{2\pi}{n}(k-1)\right)} = 2r \sin \frac{\pi}{2}(k-1) \tag{17.2}$$

이다. 따라서 식 (17.1.2)를 식 (17.1.1)에 대입을 하면,

$$L_n = \sum_{k=2}^{n} 2r \sin \frac{\pi}{n}(k-1) \cdot \frac{2\pi}{n} = 4r\pi \cdot \frac{1}{n} \sum_{k=2}^{n} \sin \frac{\pi}{n}(k-1)$$

$$= 4r\pi \cdot \frac{1}{n} \sum_{k=1}^{n-1} \sin \frac{\pi}{n} k \tag{17.3}$$

사이클로이드이 호의 길이를 L이라 하고, 식 (17..3.)에서 양변의 n을 양의 무한대로 발산시키면 좌변은

$$L_n \xrightarrow{n \to \infty} L \tag{17.4}$$

이고 우변은

$$= \lim_{n \to \infty} 4r\pi \cdot \frac{1}{n} \sum_{k=1}^{n-1} \sin \frac{\pi}{n} k = 4r\pi \int_0^1 \sin \pi x\, dx = 8r \tag{17.5}$$

이다.

18장 직관적으로 호 길이 구하기

이것을 발견한 수학자는 Rowan 대학교 수학과 교수인 Thomas J Osler이다.

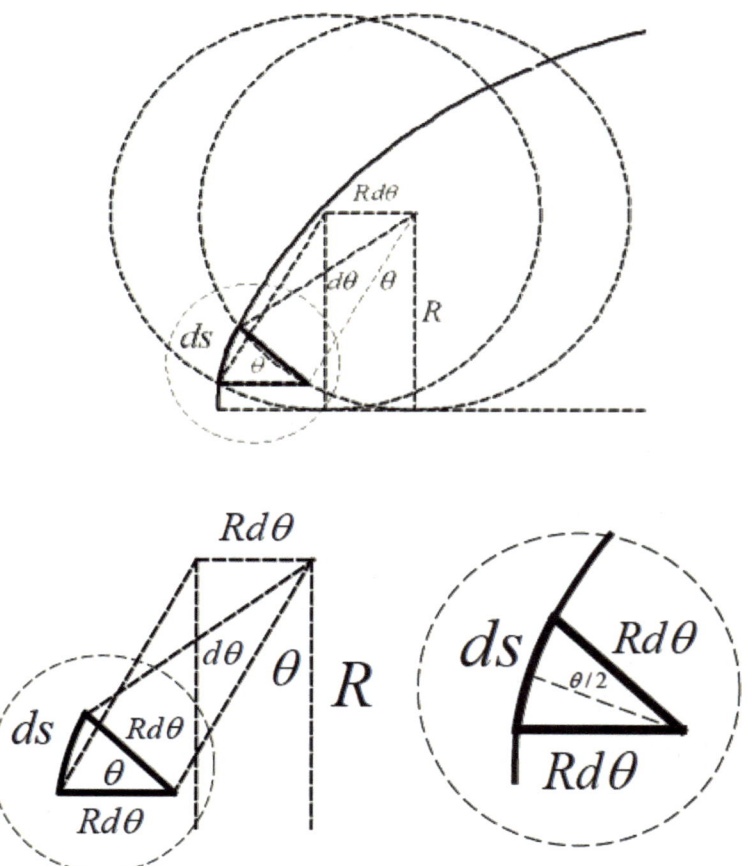

$$ds = 2R\sin\frac{\theta}{2} \cdot d\theta$$

$$s = 2R\int_0^{2\pi} \sin\frac{\theta}{2} d\theta = 4R\left[-\cos\frac{\theta}{2}\right]_0^{2\pi} = 4R[1-(-1)] = 8R$$

19장 직관적으로 구적 구하기

우선 정삼각형을 굴려서 생기는 면적을 구하여 보자. [그림 19.1]에서처럼 한 변의 길이가 a인 정삼각형을 굴리면, 그 넓이는

$$S_3 = (정삼각형\ 넓이) + 2 \times \frac{\pi}{3} a^2$$
$$= (정삼각형\ 넓이) + 2 \times (원의\ 넓이) \qquad (19.1)$$

이다. 여기에서 원은 정삼각형에 외접한 원이다.

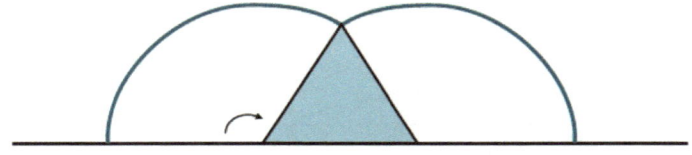

그림 19.1. 정삼각형을 굴려 생기는 호 아래의 넓이

이번에는 정사각형을 굴려서 생기는 호의 궤적의 아래 넓이를 구하여 보자. [그림 19.2.]에서처럼 한 변의 길이가 a인 정삼각형을 굴리면, 그 넓이는

$$S_4 = a^2 + 2 \times \frac{\pi}{4} a^2 + \frac{\pi}{4} (a\sqrt{2})^2 = a^2 + 2\pi \left(a \frac{\sqrt{2}}{2} \right)^2 \qquad (19.2)$$
$$= (정사각형\ 넓이) + 2 \times (원의\ 넓이)$$

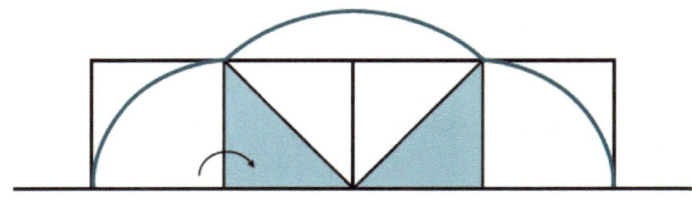

그림 19.2. 정사각형을 굴려 생기는 호 아래의 넓이

[그림 19.3.]과 [그림 19.4.]는 정오각형과 정육각형을 굴렸을 때의 넓이의 펼쳐짐을 나타낸 그림이다.

그림 19.3. 정오각형을 굴렸을 때 넓이 펼쳐짐

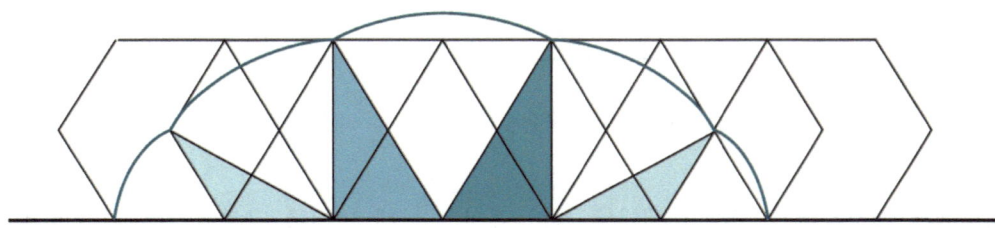

그림 19.4. 정육각형을 굴렸을 때 넓이 펼쳐짐

우리는 여기서 정n다각형을 굴려서 생기는 호의 아래 넓이는

$$S_n = (정n각형의 넓이) + 2 \times (원의 넓이) \tag{19.3.}$$

(단, 원은 정n각형에 외접원이다.)

을 추론 할 수 있다.

따라서 사이클로이드의 구적을 S이라 하고, 식 (19.3.)에서 양변의 n을 양의 무한대로 발산시키면 좌변은

$$S_n \xrightarrow{n \to \infty} S \tag{19.4}$$

이고 우변의 정n각형의 넓이는

$$(\text{정}n\text{각형 넓이}) \xrightarrow{n \to \infty} (\text{원의 넓이}) \tag{19.5}$$

이므로 우변은 식 (19.5)에 의해서

$$3 \times (\text{원의 넓이}) \tag{19.6}$$

임을 알 수 있다.

따라서 사이클로이드의 구적은 원의 넓이의 3배이다.

식 (17.2)를 이용하여 부채꼴의 넓이를 구분구적으로도 계산을 하여 보면,

$$\sum_{k=2}^{n-1} \frac{1}{2} l_k^2 \cdot \frac{2\pi}{n} \tag{19.7}$$

이다. 식 (19.7)을 구분구적을 이용하여 계산하여 보면,

$$\lim_{n \to \infty} \sum_{k=2}^{n-1} \frac{1}{2} l_k^2 \cdot \frac{2\pi}{n} = 4\pi r^2 \cdot \lim_{n \to \infty} \frac{1}{n} \sum_{k=1}^{n-1} \sin^2 \frac{\pi}{n} k$$

$$= 4\pi r^2 \int_0^1 \sin^2 \pi x \, dx$$

$$= 2\pi r^2 \tag{19.8}$$

이다. 식 (19.8)의 계산 결과는 원의 넓이의 두 배로 부채꼴의 넓이이 합이 원의 넓이의 두 배임을 의미한다.

20장 사이클로이드 방정식의 급수 표현

사이클로이드의 매개변수 방정식을 급수 표현의 방정식으로 나타낼 수 있다. 급수 표현으로 나타내려면 베셀 함수(Bessel funcion)을 알아야 한다.

상미분방정식

$$x^2 \frac{d^2y}{dx^2} + x\frac{dy}{dx} + (x^2 - \alpha^2)y = 0 \tag{20.1}$$

의 해 $y(x)$가 베셀함수이다. (단, α는 복소수) 식 (19.2)는 α차수의 베젤 방정식이라고 한다. 특히 n이 정수인 베셀 함수에 대해서는

$$J_n(x) = \frac{1}{\pi}\int_0^\pi \cos(n\tau - xx\sin\tau)d\tau \tag{20.2}$$

의 적분 표현으로 나타낼 수 있다. 이 형태는 프리드리히 베셀이 사용했던 접근이다. 다른 적분 형태의 정의는

$$J_n(x) = \frac{1}{2\pi}\int_{-\pi}^\pi e^{-i(n\tau - x\sin\tau)}d\tau \tag{20.3}$$

와 같다.

식 (20.4)는 반지름이 1인 원을 굴렸을 때의 사이클로이드 방정식의 급수 표현이다.

$$y = \frac{3}{2} - 2\sum_{n=1}^\infty \frac{J'_n(x)\cos(nx)}{n} \tag{20.4}$$

(단, $J'_n(x)$는 베젤함수의 도함수이다.)

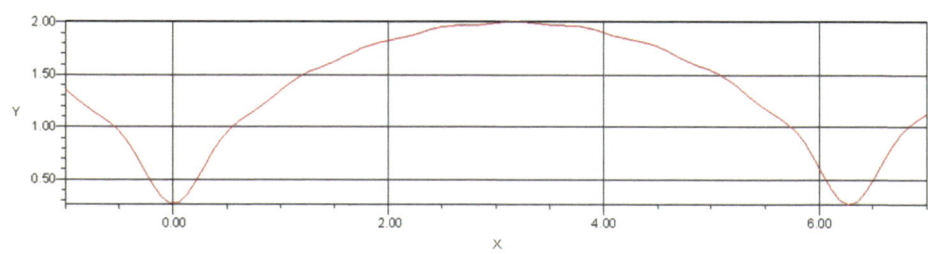

21장 사이클로이드 극 해시계

사이클로이드는 매우 심오한 곡선이다. 해시계에서 적용할 수 있다. 이제 사이클로이드의 활용에 대해 살펴보도록 하자.

극 해시계(polar sundial)는 시반면(dial plate)[19]이 적도와 평행하게 또는 지국 자전축과 수직이 되게 하고 표준 극 해시계의 노몬(gnomon)[20]이 시반면과 평행한 해시계이다. 극 해시계의 노몬은 시반면과 평행한 긴 막대기로 되어 있는데 태양에 의해서 시반면에 드리워지는 노몬의 그림자를 보고 시간을 측정한다.

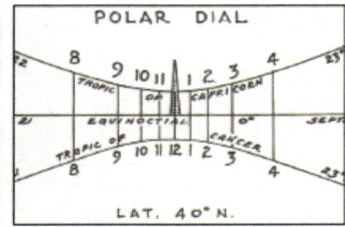

그림 21.1. 극 해시계

---

19) 시반면은 그림자로 시간을 읽는 면을 말한다.
20) 노몬은 그림자가 생기계하는 나무막대 또는 면으로 다양한 것을 사용할 수 있다.

21.1. 극 해시계의 시간선 작도

극 해시계의 시간선(time line) 작도는 적도면과 평행한 시반면에 수직으로 동서 방향으로 된 평면에 원을 그리고 원이 시반면에 접한 점을 12시로 하여서 원의 중심에서 시반면에 수직인 직선과 15°씩 직선을 작도하여 그 직선과 시반면이 만나는 점에서 동서 방향의 직선에 수직인 선분을 작도하면 그 선분이 시간선이 된다.[그림 21.2.] [그림 21.3.] 시반면은 지평면으로부터 관측자의 위치의 위도만큼 기울여야 한다.

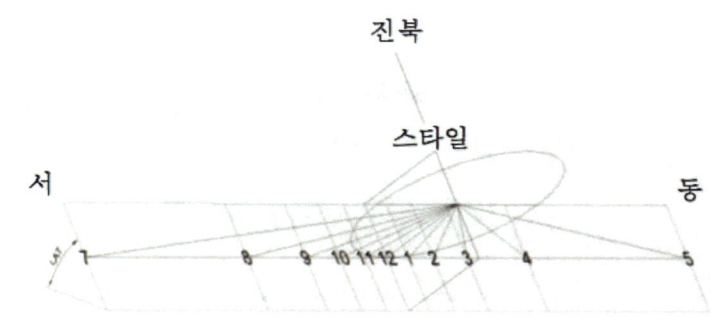

그림 21.2. 극 해시계 시간선 작도

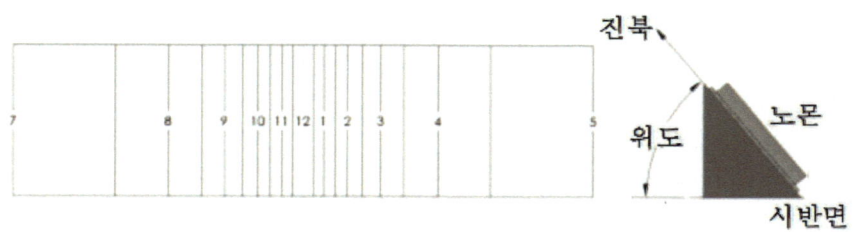

그림 21.3. 극해시계 시간선

21.2. 극 해시계의 시간선 계산

극 해시계는 오전 6시와 오후 6시를 나타낼 수 없다. 그은 중심으로부터 길이가 무한대의 값을 가지기 때문이다.

시간각[21] h는

$$h = (T_{24} - 12) \times 15° \qquad (21.2.1)$$

이다. (단, T_{24}는 하루를 24시간으로 측정하는 시간)

이다. 동서 방향으로 시반면에 수직인 원의 중심을 점 G이라고 하고, 원과 시반면과 접점을 점 H이라 하자. 또한, 접점 H로 부터 시간선 까지의 거리를 x라고 하면,

$$x = \overline{GH} \times \tan(h) \qquad (21.2.2.)$$

이다. <표 21.2.1>은 $\overline{GH} = 1$로 계산한 값이다.

특이한 점은 시간 선이 정오로부터 멀어질수록 중심으로부터 시간선 까지 거리가 기하급수적으로 멀어진다는 것을 알 수 있다. 그래서 오전 6시와 오후 6시로 가까이 갈수록 $h \to 90°$로 수렴하면 $\tan(h) \to \infty$로 수렴하면 거리가 무한대로 발산하게 된다. 따라서 극 해시계의 시간선은 오전 7시부터 오후 5시까지 시간선을 주로 그리게 된다.

TIME A.M.	TIME P.M.	HOUR ANGLE - h DEGREES	DISTANCE ON DIAL FACE
	12:00	0.00	0.000
11:45	12:15	3.75	0.066
11:30	12:30	7.50	0.132
11:15	12:45	11.25	0.199
11:00	1:00	15.00	0.268
10:45	1:15	18.75	0.339
10:30	1:30	22.50	0.414
10:15	1:45	26.25	0.493
10:00	2:00	30.00	0.577
9:45	2:15	33.75	0.668
9:30	2:30	37.50	0.767
9:15	2:45	41.25	0.877
9:00	3:00	45.00	1.000
8:45	3:15	48.75	1.140
8:30	3:30	52.50	1.303
8:15	3:45	56.25	1.497
8:00	4:00	60.00	1.732
7:45	4:15	63.75	2.028
7:30	4:30	67.50	2.414
7:15	4:45	71.25	2.946
7:00	5:00	75.00	3.732
6:45	5:15	78.75	5.027
6:30	5:30	82.50	7.596

표 21.2.1. 극 해시계의 시간선

그림 극 해시계의 시간선의 간격을 유한히 하고 그 간격을 일정하게 할 수는 없을까? 그 해답이 사이클로이드 극 해시계이다.

---

[21] 시간각은 관측자의 위치에서 태양의 위치가 12시를 0°로 6시를 -90° 18시를 90°로 하여 한 시간에 15°씩 움직인다고 가정하는 각이다.

21.3. 사이클로이드 극 해시계

사이클로이드 곡선이 등간격의 시간선을 만들 수 있는 곡선임을 2가지 측면에서 보이려고 한다. 우선 사이클로이드 곡선임을 알고 태양이 등속도로 운동을 하면 그림자의 속도도 일정함을 보일 것이고, 다음으로 그림자의 속도가 일정한 곡선이 사이클로이드임을 포락선의 수학적 개념을 가지고 증명을 할 것이다. [그림 21.3.1.]은 사이클로이드 곡선이 태양 빛에 의해서 생기는 그림자의 간격이 등간격임을 보여주고 있다.

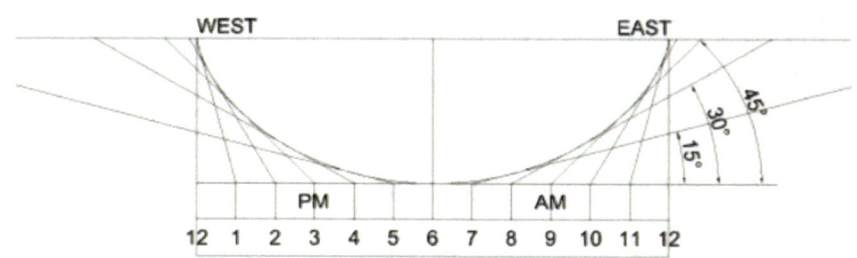

그림 21.3.1. 사이클로이드 극 해시계 시간이 등간격이다.

우선 사이클로이드 곡선임을 알고 태양이 등속도 운동을 하면 사이클로이드 곡선에 의해서 생기는 그림자의 속도가 일정함을 보이도록 하자.

우선 해시계를 만드는 사이클로이드 곡선은 원래 사이클로이드 곡선과는 약간의 차이가 있다. [그림 21.3.2]와 같이 사이클로이드를 만드는 원의 반지름을 r이라고 하고, 대칭이동과 평행이동을 하여

$$\begin{cases} x = r(\theta + \sin\theta) \\ y = r(1 - \cos\theta) \end{cases} \text{(단, } -\pi \leq \theta \leq \pi\text{)} \tag{21.3.1}$$

임을 얻을 수 있다.

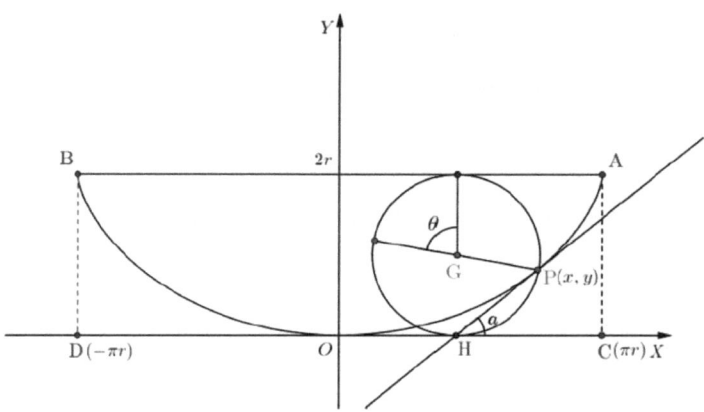

그림 21.3.2. 사이클로이드 해시계

태양 빛이 사이클로이드 극 해시계 곡선 위의 임의 점 $P(x, y)$를 지나는 시간을 t라고 하고, 이 때의 태양의 고도를 a라고 하자. 그리고 태양의 고도가 시간 t에 대하여 등속도 운동을 한다고 가정을 하면

$$a = \omega t \text{ (단, } \omega \text{는 상수)} \tag{21.3.2}$$

을 만족한다.

점 P에서 접선의 기울기는 $\dfrac{dy}{dx}$로 태양의 고도 a와의 관계는

$$\frac{dy}{dx} = \tan a \tag{21.3.3}$$

이고, 접선의 기울기와 원의 회전각 θ의 관계는

$$\frac{dy}{dx} = \frac{\sin\theta}{1+\cos\theta} \tag{21.3.4}$$

이어서 식 (21.3.4)를 식 (21.3.3)에 대입을 하면

$$\tan a = \frac{\sin\theta}{1+\cos\theta} = \frac{\sqrt{1-\cos^2\theta}}{1+\cos\theta}$$

$$= \frac{\sqrt{1-\cos\theta}}{\sqrt{1+\cos\theta}} = \frac{\sin\dfrac{\theta}{2}}{\cos\dfrac{\theta}{2}} = \tan\frac{\theta}{2} \tag{21.3.5}$$

이다. 따라서

$$a = \frac{\theta}{2}, \quad \theta = 2a, \quad \frac{d\theta}{dt} = 2\omega \tag{21.3.6}$$

이다.

사이클로이드 해시계의 시간선이 등간격 임을 보이려면, 태양의 고도가 등속도로 운동하면 접선이 접하는 X절편 점 H가 등속도 운동을 하는 것을 보이면 된다. 즉

$$\frac{dX}{dt} = C \text{ (단, } C \text{는 상수)} \tag{21.3.7}$$

를 보여야 한다.

점 P에서 접선의 방정식을 구하면,

$$Y = \tan a \cdot (X - x) + y \tag{21.3.8}$$

이고 식 (21.3.9)의 X절편을 구하면,

$$X = x - y \cdot \cot a$$

$$X = x - y \cdot \cot \frac{\theta}{2} \tag{21.3.9}$$

이다. 이제 X절편을 시간 t로 미분을 하면,

$$\frac{dx}{dt} = \frac{dx}{dt} - \left(\frac{dy}{dt} \cdot \cot \frac{\theta}{2} - \frac{1}{2} y \sec^2 \frac{\theta}{2} \cdot \frac{d\theta}{dt} \right) \tag{21.3.10}$$

이다. 또한

$$\frac{dx}{dt} = r(1 + \cos\theta) \frac{d\theta}{dt} = 2\omega r (1 + \cos\theta)$$

$$\frac{dy}{dt} = r \sin\theta \cdot \frac{d\theta}{dt} = 2\omega \sin\theta \tag{21.3.11}$$

로 식 (21.3.11)를 식 (21.3.10)에 대입하여 정리하면

$$\frac{dX}{dt} = 2\omega r (1 + \cos\theta) - 2\omega r \left(\sin\theta \cdot \cot \frac{\theta}{2} - \frac{1 - \cos\theta}{2} \cdot \csc^2 \frac{\theta}{2} \right) \tag{21.3.12}$$

이다. 또한

$$1 + \cos\theta = 2 \cdot \frac{1 + \cos\theta}{2} = 2\cos^2 \frac{\theta}{2}$$

$$\sin\theta\cot\frac{\theta}{2} = 2\sin\frac{\theta}{2}\cos\frac{\theta}{2} \cdot \frac{\cos\frac{\theta}{2}}{\sin\frac{\theta}{2}} = 2\cos^2\frac{\theta}{2} \tag{21.3.13}$$

$$\frac{1-\cos\theta}{2} \cdot \csc^2\frac{\theta}{2} = \sin^2\frac{\theta}{2} \cdot \frac{1}{\sin^2\frac{\theta}{2}} = 1$$

이다. 식 (21.3.13)를 식 (21.3.12)에 대입을 하면,

$$\frac{dX}{dt} = 2\omega r\left(2\cos^2\frac{\theta}{2} - \left(2\cos^2\frac{\theta}{2} - 1\right)\right) = 2\omega r \tag{21.3.14}$$

이다. 따라서

$$\frac{dX}{dt} = 2\omega r = C \tag{21.3.15}$$

으로 X 절편을 시간 t로 미분이 상수이므로 태양의 고도 a에 대하여 X절편이 등속도 운동을 한다.

우리는 위에서 사이클로이드 곡선임을 알고 이를 바탕으로 시간선의 간격이 일정함을 보였다. 이제 태양의 고도 a가 등속도로 움직일 때, 어떤 곡선 G이 위의 점 P에서 태양 빛이 접하고 그 때의 접선과 X축과의 교점인 X절편이 등속도로 움직이는 곡선 G를 구하여 보자. 즉 곡선 G가 사이클로이드 곡선임을 보여야 한다.

태양의 고도 a가 시간 t에 대하여 등속도 운동을 한다고 가정하면

$$a = \omega t, \quad \frac{da}{dt} = \omega \text{ (단, } \omega \text{는 상수)} \tag{21.3.16}$$

이다. 또한, 구하려고 하는 곡선 G 위의 점 $P(x, y)$에서 접선의 X절편은

$$X = x - y\cot a$$
$$X = x - y\cot\omega t \tag{21.3.17}$$

이고, X절편이 등속도로 움직이므로

$$\frac{dX}{dt} = \frac{dx}{dt} - \frac{dy}{dt}\cot\omega t + \omega y\csc^2\omega t = C \text{ (단, } C\text{는 상수)} \tag{21.3.18}$$

을 만족한다. 그러므로 우리는 미분방정식

$$\frac{dx}{dt} - \frac{dy}{dt}\cot\omega t + \omega y\csc^2\omega t = C \tag{21.3.19}$$

의 해가 사이클로이드임을 보야야 한다.

점 P에서 접선의 기울기는

$$\frac{dy}{dx} = \frac{\frac{dy}{dt}}{\frac{dx}{dt}} = \tan a = \tan\omega t$$

$$\frac{dy}{dt} = \frac{dx}{dt} \cdot \tan\omega t \tag{21.3.20}$$

를 만족한다. 식 (21.3.20)을 식 (21.3.19)에 대입을 하여 정리를 하면,

$$y = \frac{C}{\omega} \cdot \sin^2\omega t = \frac{C}{2\omega}(1 - \cos 2\omega t) \tag{21.3.21}$$

이다. y에 대한 식을 구하였으니 이제 x에 관한 식을 구하여 보자. 식 (21.3.21)를 시간 t로 미분을 하면,

$$\frac{dy}{dt} = C\sin 2\omega t \tag{21.3.22}$$

이고 식 (21.3.22)을 식 (21.3.20)에 대입을 하여 정리를 하면,

$$\frac{dx}{dt} = 2C\cos^2\omega t$$

$$\frac{dx}{dt} = C(1 + \cos 2\omega t)$$

$$dx = C(1 + \cos 2\omega t)dt \tag{21.3.23}$$

이다. 식 (21.3.23)는 변수분리형의 미분방정식으로 양변을 적분하면,

$$x = C\left(t + \frac{1}{2\omega}\sin 2\omega t\right) + C' \quad (\text{단, } C' \text{은 적분상수})$$

$$x = \frac{C}{2\omega}(2\omega t + \sin 2\omega t) + C' \tag{21.3.24}$$

이다. 초기 조건으로 $a = 0$일 때 $t = 0$ 이다. 즉, $x = 0$ 이므로 적분상수 $C' = 0$이다. 따라서 식 (21.3.24)는

$$x = \frac{C}{2\omega}(2\omega t + \sin 2\omega t) \tag{21.3.25}$$

이다. 따라서 우리가 구하고자 하는 곡선 G의 매개변수 방정식은 식 (21.3.25)과 식 (2

1.3.21)이므로

$$\begin{cases} x = \dfrac{C}{2\omega}(2\omega t + \sin 2\omega t) \\ y = \dfrac{C}{2\omega}(1 - \cos 2\omega t) \end{cases} \quad (21.3.26)$$

이다. 식 (21.3.26)에서 $r = \dfrac{C}{2\omega}$, $\theta = 2\omega t$로 놓으면

$$\begin{cases} x = r(\theta + \sin\theta) \\ y = r(1 - \cos\theta) \end{cases} \quad (21.3.27)$$

이다. 식 (21.3.27)의 매개변수 방정식은 곡선 G의 식이고 이는 사이클로이드 매개변수 방정식이다. 이로써 모든 것이 증명되었다. [그림 21.3.3.]은 사이클로이드 극 해시계를 종이로 만든 것이고 [그림 21.3.4.]는 캐드(opnescad)를 이용하여 모델링을 한 것이다.

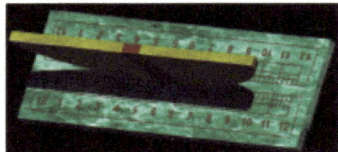 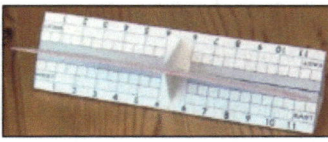 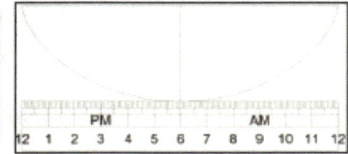

그림 21.3.3. 사이클로이드 극 해시계 작품

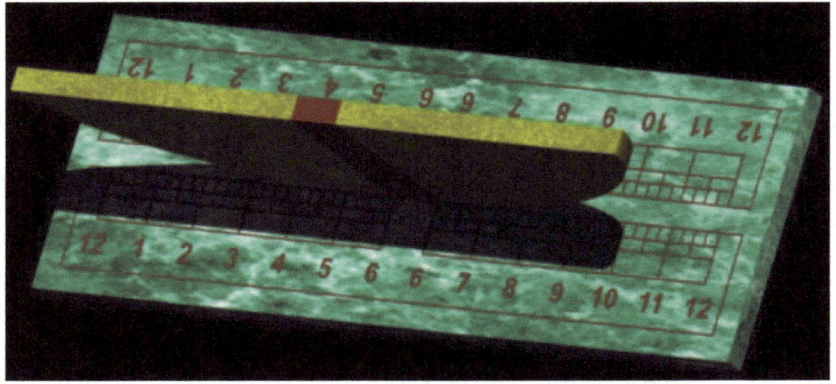

그림 21.3.4. 극 해시계 디자인

참고문헌

Abellán, M. B. (2008). "*Could L'Hospital have read Newton's Methodus Fluxionum?*" Comunicacióde congrés.

Bell, E. A. (2013). *ChristianHuygens*, Read Books Ltd.

Bernoulli, J. (1695). "*Concerning theBrachistochrone problem.*" Acta Eruditorum.

Bernoulli, J. (1696). "*Concerning theBrachistochrone problem.*" Acta Eruditorum.

Broer, H. W. (2014). "*Bernoulli's light ray solutionof the brachistochrone problem through Hamilton's eyes.*" International Journal of Bifurcation and Chaos.

C. Criado, C. C. (2100). "*Solving thebrachistochrone and other variational problems with soap films.*" Am. J. Phys 78.

Chandrasekhar, S. (1995). *Newton's Principia for theCommon Reader*, Clarendon Press.

Das, S. (2011). Functional Fractional Calculus, Springer.

Dennis, D. (2011). "*The Cycloid: Tangents, VelocityVector, Area, and Arc Length.*" MathematicalIntentions.

DUBOIS, p. J. (1991). "*Chute d'une bille le longd'une gouttière cycloïdale Tautochrone et brachistochrone Propriétés ethistorique.*" BULLETIN DE L'UNION DES PHYSICIENS 85.

Emmerson, A. (2006). "*THINGS ARE SELDOM WHAT THEYSEEM -CHRISTIAAN HUYGENS, THE PENDULUM AND THE CYCLOID.*" NAWC Bulletin 362.

Fahie, J. J. (1903). *Galileo his life and work*. London,J. Murray.

Freguglia, P., Giaquinta, Mariano (2016). *The earlyperiod of the calculus of variation*, Springer.

Hamer, J. (2015). "*INDIVISIBLES AND THE CYCLOID INTHE EARLY 17TH CENTURY.*" Lucerna7.

Henk, W. B. "*Bernoulli's light ray solution of thebrachistochrone problem through Hamilton's eyes.*" International Journal of Bifurcation and Chaos.

HERRERA, M. D. I. (1994). "*Galileo, Bernoulli,Leibniz and Newton around the brachistochrone problem.*" Revista Mexicana de Física 40.

Kil, R. M. (2016). *The Euler-Lagrange equation.*

Knobloch, E. (2012). "*Leibniz and the Brachistochrone.*"Documenta Mathematica.

Marlow Anderson, V. K., Robin Wilson (2004). *SherlockHolmes in Babylon:* And Other Tales of Mathematical History, MAA.

Martin, J. (2010). "*The Helen of Geometry.*" College Mathematics Journal 41(1):17-27.

Mittal, A. "*Numerical Solution to theBrachistochrone Problem.*" StanfordUniversity.

Mnatsakanian, T. M. A. a. M. A. (2009). "*New Insightinto Cycloidal Areas.*" THE MATHEMATICALASSOCIATION OF AMERICA.

Nishiyama, Y. (2011). "*The Brachistochrone Curve:The Problem of Quickest Descent.*" OsakaKeidai Ronshu 61(6).

Roidt, T. (2011). "*Cycloids and Paths.*" Mastersof Science in Teaching Mathematics.

Shell-Gellasch, A. (2007). *Hands on History*: A Resourcefor Teaching Mathematics, MAA.

Smith, D. E. (1958). *Historyof mathematics*. New York,, Dover Publications.

Sriraman, B. (2008). "*the montana mathematicsenthusiast.*"

Whitman, E. A. (1943). "*Some historical notes on thecycloid.*" Amer. Math. Monthly Monthly 50: 309-315.

Whitman, E. A. (1943). "*Some Historical Notes on theCycloid.*" The Amereican MathematicalMonthly 50: 17.

Eberhard, Knobloch(2012). *Leibniz and the Brachistochrone,* Documenta Mathematica · Extra Volume ISMP, 15-18.

Sabanski, C. (2016). "*Cycloid polar sundial.*" http://www.mysundial.ca/tsp/cycloid_polar_ sundial.html.

Sabanski, C. (2016). "*Polar sundial.*" http://www.mysundial.ca/tsp/polar_sundial.html.

색인

( )
Discorsi, p. 230, "Theor. XXII. Propos. XXXVI. 45

(G)
Galileis Discorsi, S. 230 이론. XXII. Prop. XXXVI. 46
Galileis Discorsi, S.232. Theroem XXII 확장 52
Galileis Theorem XXII 증명 49

(M)
Mamikon 사이크롤이드 성질 142

(ㄱ)
갈릴레이의 사이클로이드 곡선의 해석 54
그래프 해 97
극 해시계 155
극 해시계 시간선 작도 156
극해시계 시간선 156

(ㄴ)
뉴톤의 사이클로이드 이론 96
뉴톤의 사이클로이드 해 접근 95
뉴톤의 접선 설명 43

(ㄷ)
데이비드 그레로리이 뉴톤의 해 98
데카르트 23
데카르트의 접선 작도 23
동반곡선의 구적 22

두 고정점에서의 가능한 경로 111

(ㄹ)
라이프니츠 논리를 설명한 그림 90
렌의 호의 길이의 기하학적 증명 아이디어 36
로베르발 연구 14
로베르발의 동반곡선 정의 17
로베르발의 사이클로이드 정의 14, 15
로베르발의 사후 출간된 논문 19
로베르발의 접선 작도 16
로피탈의 접선 설명 41

(ㅂ)
바로우의 접선 설명 44
베르누이 사이클로이드 첫 번째 해의 도식 75
베르누이 첫 번째 풀이 유한 미분 87

(ㅅ)
사각형의 면적을 둘로 나누는 동반 곡선 18
사이클로이드 곡선과 동반 곡선 매개변수 방정식 표현 21
사이클로이드 구적 22
사이클로이드 아래 넓이는 원의 넓이의 3배이다. 139
사이클로이드 축폐선 138
사이클로이드 축폐선 기하학적 접근 133
사이클로이드 하강 시간 120
사이클로이드 해석학적 분석 116

사이클로이드 해시계　159
사이클로이드를 활용한 진자주기 구하기 59
사이클로이드와 동반곡선의 수평선과 평행한 직선과의 교점　20
사이클로이드의 등시곡선 성질　56
스넬 굴절 법칙과 페르마의 원리　74
신계선 128

(ㅇ)
아벨의 해　70
야곱 베르누이 사이클로이드 성질　85
연속적인 스넬법칙 적용　76
요셉 베르누이 해 82
요한 베르누 논문 그림 1　77
요한 베르누이 1718년 두 번째 해의 해석학적 분석 104
요한 베르누이 1718년에 실린 논문의 그림 100
요한 베르누이 논문 그림 2, 보충 설명 그림 81
요한 베르누이 논문 그림 3 81
요한 베르누이의 사이클로이드 접선 설명 40

(ㅈ)
접선 작도의 정당성　24
정다각형의 대각선 길이　148
정사각형을 굴려 생기는 호 아래의 넓이 151
정삼각형을 굴려 생기는 호 아래의 넓이 151
정오각형을 굴렸을 때 넓이 펼쳐짐　152
정오각형을 굴렸을 때의 호의 궤적　148
정육각형을 굴렸을 때 넓이 펼쳐짐　152
중력이 작용하고 마찰력이 없는 곡선 45

(ㅊ)
최단 하강 곡선의 해석 표현　86

최단하강곡선 문제　106, 113
최단하강곡선의 라이프니츠 기하학적 해 93
최단하강곡선의 라이프니츠의 해　90

(ㅌ)
토리첼리　29
토리첼리 구적　31
토리첼리 구적 아이디어　33
토리첼리의 사이클로이드 출판 논문　30

(ㅍ)
파스칼 34
파스칼 수학 경시 대회 문제　35
페르마 25
페르마의 원리와 스넬 법칙 77
페르마의 접선 작도　26

(ㅎ)
호 길이 기하학적 증명　37
호이겐스 진자시계 설계도　58
호이겐스 진자운동　60